# 自序

皮之不存，毛将焉附？

我以"皮之不存，毛将焉附"为题作为《鲜活的土壤》一书的序，并不是为了哗众取宠，而是想来讲述一个性命攸关的故事。

　　当我们仰望星空，遐想宇宙之深远和神秘的时候，我们可曾想过，我们脚下这片土壤所孕育的万物生命？

　　当我们举目远眺山川之悠长，领略自然界异彩纷呈的动物和植物的时候，我们是否相信，脚下的土壤正在呵护着地球上最丰富的生物多样性？

　　当我们围坐在餐桌前享受一日三餐，品尝美味佳肴的时候，我们是否知道，人类十有八九的食物最终源自我们脚下的土壤？

　　土壤，从远古开始就和地球一起演化。土壤和生命相伴而行，推动了地球生态系统的繁荣和多样，由此，土壤从开始就具备了其自身独特的价值——地球生命体必不可少的"皮肤"。

　　土壤的形成与发育是极其缓慢的。据统计，每形成1厘米的土壤需要成百上千年的时间。土壤的发育过程还记录了地球演化的历史，通过研究地球上不同土壤的性质我们可以反演地球的过去。

地球正是有了土壤这层"皮肤"，植物才能扎根生长，进行光合作用，从而为地球上各种生命，包括我们人类在内，提供繁衍生息所需要的养料。

正因为土壤直接或间接地为人类提供食物，所以，土壤"吃"什么，我们就吃什么。土壤污染了，我们的食物也将由于污染物从土壤向食物链的传递而被污染。倘若我们掠夺性地利用土壤，土壤就会变"瘦"或"生病"。土壤不健康了，植物就无法健康生长，我们就会挨饿或营养不良。

土壤作为地球的"皮肤"，还有数不清的生态环境功能，如涵养水分、净化水质、消纳污染物等。土壤通过维系复杂多样的地下生态系统来支撑整个地球生命系统，保护生物多样性及其丰富的基因库。

土壤又是地球温度的"调节器"之一。土壤里存储的碳约是大气中的三倍。土壤通过促进植物生长和调控微生物代谢将大气中的二氧化碳收集起来并储存在地下，有效缓解全球气候变暖。相反，不合理地利用土壤会导致碳的过度排放，对全球变暖起着推波助澜的作用。

土壤甚至还是人类的"药箱"。土壤中的微生物通过合成和分泌多样的次生代谢产物实现个体间相互作用，包括如何制衡或抑制周围微生物的生长而使自己获得更多的资源。有些次生代谢产物因此可以成为用作治疗人类传染性疾病的抗生素药物。人类对土壤中微生物次生代谢产物的研究只是冰山一角，有待我们去不断挖掘。

土壤，从来就是默默地躺在我们脚下，总是那么低调却是如此博大地铺展于广袤的大地上。

土壤，看起来如此平凡，以至于人们对它习以为常，甚至认为土壤之存在是理所当然的。

只有当我们看到由于不合理的利用导致水土流失，板结硬化，沙化石漠化以及污染而导致寸草不生时，我们才意识到土壤之珍贵，之伟大！

本书正是受土壤勃勃生机之启发，通过讲述土壤与生命的故事来唤起更多的人来关注土壤，热爱土壤，研究土壤，保护土壤。

# 目录

057

115

# 147

## 第五章  不息的壤

# 178

## 参考文献

# 第一章

—

# 什么是土壤

# 土壤的来源

　　土壤是指地球陆地表面生长绿色植物的疏松表层，厚的地方可能有几百米，如黄土高原，薄的地方，可能只有几厘米，如岩溶区。相对于 6371 千米的地球半径而言，土壤这层地球"皮肤"甚至比人类的皮肤还要薄！但恰恰是这层薄薄的土壤让地球充满了生机，成为至今认识到的宇宙中唯一有生命的星球，是名副其实的人类文明摇篮！

　　日本土壤学家阳捷行的书中写道，"我们人类生存在这个地球上，依靠的是 18 厘米的土壤、11 厘米的水、15 千米的大气层、3 毫米的臭氧层以及大约 500 万种的生物"。这一论述未免过于简单，但却直白地告诉了大家一个事实——人类的生存发展离不开地表这一层薄薄的土壤。

　　既然土壤对我们如此重要，却又如此单薄，那么它到底是如何形成的呢？是否有办法让土壤长保健康呢？且让我们娓娓道来。

## 1·生命成就土壤

　　故事要从地球的宜居性说起。茫茫宇宙，星辰浩瀚，为什么只有地球适宜人类生存？这与地球在宇宙中的位置息息相关。单从距离上来说，地球与太阳的距离适中，所以能接收到的太阳光和热也适中。地球表面的平均温度为 15 摄氏度，在这样的温度下水可保持液态，这对地球孕育生命至关重要。相比而言，水星和金星就离太阳太近了，接受到的太阳辐射能量分别是地球的 6.7 倍和 1.9 倍。金星表面存在温室效应，温度高达 420~485 摄氏度；水星没有大气圈调节，向日面温度可高达 350 摄氏度，而背日面温度则低至 -170 摄氏度，在这样的条件下，液态水圈是不可能存在的。木星、土星距太阳太远，所获的太阳辐射能量仅为地球的 4% 和 1%，表面温度分别

是 -150 摄氏度和 -180 摄氏度；更远的火星、天王星和海王星的表面温度则都在 -200 摄氏度以下，环境条件就更加严酷了。

　　地球已经有 46 亿年的历史。38 亿年前，生命首次出现于海洋环境中，并且在 4 亿多年前开始从海洋进化到陆地。在陆地生命出现之前，地球表面的风化物质如同其他星球一样，纯粹是岩石的风化物。据考证，地球上最早出现的原始土壤大约在距今 5 亿年的寒武纪时期，当时有一种叫松叶蓝的矮小植物开始出现在陆地上，成土过程的标志是岩石上出现了"岩漆"状物质。陆地生命的出现改变了土壤形成的过程和方向，正是生命的参与使得岩石慢慢成为承载着生命的地球肌肤。火星和月球上虽然也有粉末状物质和岩石，但因为没有任何生命的存在和参与，这些物质不能称为土壤。

图 1.1　橙色地衣着生在岩石表面，进行着原始的成土作用
　　　　（图片来源：杨顺华）

## 2 · 土壤与生命的共同演化

在地球上出现土壤之后，原始土壤的发育方向逐渐从零星分布演变为成片分布。裸露的岩石在阳光的照射下白天升温，晚上降温，岩石中不同矿物交替膨胀和收缩，由于一些矿物的膨胀程度超过另一些矿物，导致温度变化产生应力，在此作用下岩石发生分裂崩解，这是土壤形成的物理风化过程。雨水也趁机不断溶解岩石中能溶解的矿物，并不断将其带走，这是土壤形成的化学风化过程。4 亿多年前，陆地开始出现生物。生物一方面从土壤中吸收养分，另一方面，向土壤分泌有机酸类物质，加速土壤矿物的风化。同时，死后的生物融入土壤，形成土壤有机质。通过络合作用，岩石的溶解加快了矿物的转化，形成了新的矿物，有机质和新的矿物成为土壤的组分。

在这些过程中，生物起着极为重要的作用。土壤微生物群落具有惊人的多样性和丰度。据估计，地球上栖息着 1 万亿个微生物物种，1 克土壤中就含有由数万个类群组成的多达 10 亿个细菌细胞。土壤中的生物通过分解和释放岩石中的各种元素，参与地球化学元素的循环，为植物供给碳、氮、磷、硫等营养元素。大部分植物的光合产物通过根系分泌到土壤中，植物的凋落物和死亡的根系都作为土壤生物的食物，供养着土壤生物，进一步推动元素的地球化学循环。

同时，死亡的土壤生物和难分解的植物有机物质吸附在土壤颗粒表面，将土壤中的砂粒、粉粒和黏粒黏结，成为土壤团聚体，进而形成土壤结构，进一步推动土壤生物的繁衍和植物的生长。因此，土壤生物多样性作为一个引擎不断推动地球生命的繁茂和演化、人类的诞生以及人类文明的出现，从而形成如今复杂的自然生态系统和社会生态系统。

科学家认为，如果没有地球生物的参与，上述各种风化过程将会慢上千倍，这也将导致地球不会有土壤的形成。正如美国土壤学家查尔斯·E. 凯洛格（Charles E. Kellogg）博士所说："如果没有土壤，地球将一片荒芜，反之亦然。"土壤与生命是协同演化的。

虽然土壤的形成同时受气候、地形、母质等其他因素的共同影响，但生物在其中起着极为关键的作用。土壤的形成是其和生命共同演化的过程。此外，由于生物的参与，土壤形成了特有的性质——土壤肥力，从而为人类文明的开启打下了基础。

## 3 · 土壤厚度之谜

或许你会好奇，既然土壤在 5 亿年前就开始形成，那么脚下的土壤为什么如此单薄呢？首先，这当然跟土壤的形成速率有关。根据有关科学家的研究，一般情况下形成 1 厘米的土壤就需要成百上千年的时间，更别说 1 米甚至几百米的土壤了。因此，有"千年龟，万年土"的说法。其次，在漫长的地质年代里，地球经历过几次大冰期，大地冰封，天地肃杀。在整个地表被冰雪覆盖的情况下，生命活动缓慢，土壤就难以形成。所以，地球上既有很古老的、年龄达数亿年之久的土壤，如澳洲和南非某些地方的土壤，也有在末次冰期之后开始发育的土壤，如我们脚下的红壤（铁铝土）大多形成于第四纪（约 258 万年前）。

土壤的厚度还跟土壤侵蚀速率有关。自然状态下，土壤会因为风蚀、水蚀等过程流失掉一部分。然而，人类的出现大大加速了土壤侵蚀。据估计，在人类出现之前，流失 1 厘米的土壤大约需要 1400 年。如今，由于人类活动的强烈影响，土壤流失的速率越来越快，流失 1 厘米的土壤只需要几十年。

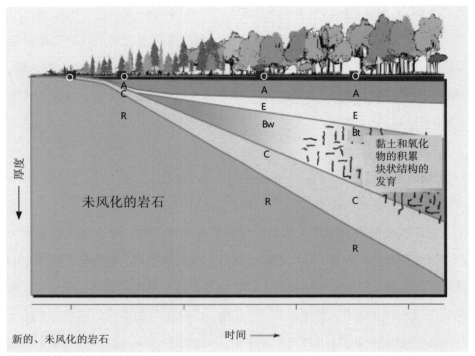

图 1.2　土壤形成与时间的关系
（图片来源：改自 Weil and Brady, 2016）

图中字母为土壤层次代号。O- 有机层，A- 腐殖质
表层，E- 漂白层，Bw- 雏形层，Bt- 黏化层，C-
母质层，R- 母岩层。

# 土壤的重要功能

　　土壤之所以影响着人类的文字、文学、文化和文明，是因为土壤从人类诞生的一开始就为人类提供着各种各样的服务，这是由它所具有的功能决定的。我们的一日三餐之所以这么丰盛，是因为土壤具有植物生长介质的功能。你丢弃的厨余废弃物之所以可以被循环利用，是因为土壤具有再循环的功能。你出行去看的兵马俑之所以能保存得这么完好，是因为土壤作为工程介质提供了建筑原材料，为深埋地下的兵马俑提供了一个稳定的环境……综合来说，土壤之于人类和环境具有六大功能。

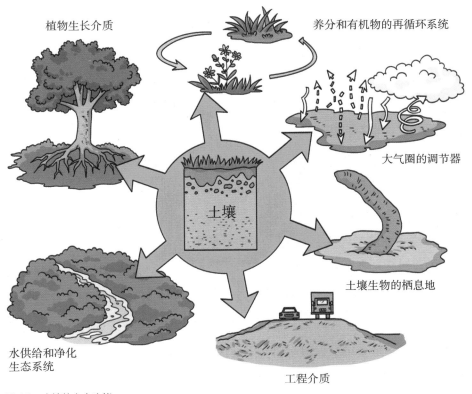

图 1.3　土壤的六大功能
　　　　（图片来源：改自 Weil and Brady, 2016）

土壤的基本功能之一是作为植物生长的介质。无论是茫茫草原上的一棵小草，还是原始森林中的一棵大树，都离不开土壤的托举，离不开土壤为它们提供的立足之地。有了土壤提供的生存介质，小草才能以"一岁一枯荣"完成生命的循环；有了土壤的默默扶持，大树才能拼命向下扎根，站稳脚跟，以巍峨挺拔之姿"一览众山小"。

除作为植物生长的介质外，土壤还是一个养分和有机物的再循环系统。譬如，植物的生长离不开土壤的支撑作用，同时也离不开土壤的哺育。植物需要从土壤中吸收水分、矿物养分（如氮、磷、钾等）等必需的营养物质，作为生长发育的基础物质。它就像是植物的"养分库"。等到植物死亡后，土壤中的微生物扮演起分解者的角色，分解掉枯枝落叶等有机物，使其回归土壤之中，再次为其他植物所吸收利用。

土壤的另一个功能是大气圈的调节器。为了维持生存，我们人类无时无刻不在呼吸：吸入氧气，呼出二氧化碳，人体内的各种生化反应在气体的参与下完成正常运转。类似地，土壤也无时无刻不在呼吸，与大气圈进行着气体交换。例如，土壤中的碳储量约是大气中的三倍，哪怕是其中很小的一点比例变化，也有可能带来大气中二氧化碳浓度的显著变化，从而缓解或者加剧温室效应。因此，法国曾提出一个雄心勃勃的国家研究计划：如果让全球土壤每年多储存千分之四的土壤有机碳，那么就可以抵消每年因人类活动排放温室气体而带来的负面效应。

土壤中还藏着一个生机勃勃的地下世界。出门旅游，我们除流连于山川湖海这样的自然景观外，常常还对自然界的动物抱有特殊期待。正如古人一样，我们也渴望"两个黄鹂鸣翠柳，一行白鹭上青天"。可是，这些都是地面风光。如果你留心观察，看似寂静的土壤中也藏着一个鲜活无比的生命世界。挖开一片土壤，你很容易找到蚯蚓、蟋蟀、蚂蚁这样的小动物，兴许还能遇到壁虎、毒蛇、老鼠等动物。除这些肉眼可见的动物外，土壤中还栖息着大量的微生物，如水熊虫、古菌等。据估计，一汤匙健康土壤中的微生物数量，甚至比地球人口的数量还要多！

　　土壤还是重要的工程介质。在户外，无论是乘坐交通工具，还是步行，我们大部分时间都要在路上行走。路面以下就是土壤。由于不同土壤的物理和化学性质不同，为了保证路基的承载力，我们在修路时，还得根据土壤的性质来采取相应的工程措施。例如，对于松散的土壤，需要修建水泥护坡来防止崩塌毁坏路面。土壤还具有居住功能，不信，你看黄土高原上那一排排的陕北窑洞就是明证。

　　作为生态系统的一部分，土壤还能提供水分储存和自然净化服务。土壤由矿物质、有机质、土壤水分和土壤空气组成。其中土壤水分和空气的含量受土壤孔隙的影响，两者处于一个动态变化过程中。因此，土壤孔隙能够吸纳大量的水分。例如，在洪水来临时，土壤能够蓄纳大量的水分，待到洪水过后，再慢慢地释放，从而起到缓解洪水危害的作用。此外，土壤中的土壤胶体等物质能够吸附部分有毒有害物质，从而起到净化生态系统的作用。这也就是山泉水之所以清澈的原因之一。

　　因为土壤具有许许多多的功能，所以才能为人类社会提供丰富多样的生态系统服务。当然，除上述列举的六大功能外，土壤还具有许多其他的功能，例如，土壤还是一个基因库。只有充分理解土壤的功能，才能充分利用和保护土壤，使其服务于人类社会的可持续发展。

# 人类对土壤的认识过程

500万年前，生活在东非树上的类人猿开始在草原上直立行走，人类由此诞生。随后慢慢走出非洲，到达亚、欧、美洲等世界各地。直到约1万年前，人类才开始慢慢从狩猎采集的时代进入农耕时代。从此，人类与土壤的关系就变得越来越密不可分。

## 1·土壤：人类文字的源头之一

在众多语言里，"土"都是最原始的文字之一。如在英文中，human（人类）脱胎于humus（腐殖质）；在希伯来圣经中，第一个男人的名字"亚当Adam"，就取意于希伯来文"adamah"，意思是"土，地"；在我们的汉字中，"土"字在甲骨文中就有了，而所谓"土壤"，实则是人们将自然状态下存在的土（土）和经过人为耕作的土（壤）合称的结果。

万物土中生，这其中充满文化渊源。比如，最早的"土"字象征着男性生殖符号，代表生育能力，而"壤"（壤）字似"孃"（Niāng）字，分别代表着有生产能力的土和女性。"土"字还作为偏旁，创造了更多的文字和延伸出了更多的含义。如"生"为"牛+土"，"社"为"神+土"，"社稷"更延伸出了国家的含义。

人类从一开始就生活在土地上，每天与"土"为伍，土壤在人类的文字、文学、文化和文明中铸下了深刻的烙印。

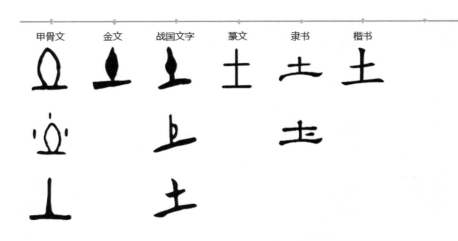

甲骨文　　金文　　战国文字　　篆文　　隶书　　楷书

图 1.4　"土"字的演变

## 2·早期农耕文明时期的朴素土壤认识

土壤远在人类诞生前就存在，人类诞生后便理所当然地作为一种生产资料为人类所利用。早在约 1 万年前的农业起源时期，人类便开始认识土壤。最初，人类慢慢认识到土壤有肥力，肥沃的土壤能生产更多的粮食。随着部落或国家的建立，不同肥力的土壤进而也开始被分级以便管理和征税。例如《尚书·禹贡》，就记载着当时将疆域分为九州，并描述九州土壤的特征、地理分布及肥力等级。这是世界上有关土壤分类和等级评定记载最早的书籍，书中根据土壤性质将九州土壤分为"壤""黄壤""白壤""赤植坟""白坟""黑坟""坟垆""涂泥""青黎"九类，依其肥力高低，划分为三等九级。到了先秦时期，《管子·地员》篇对土壤的分类和每类性状进行了更为细致的描述。但限于当时的科学水平，人们对于"土壤是如何形成的""具有什么样的形成过程""为何有这些性质"等问题尚无法给出确切的答案。因而，对土壤的研究始终无法单独形成一门学科，而只是作为农学或地质学的一个部分。

### 3·现代土壤科学的诞生

随着科学的发展与进步，到了 17 世纪，不同学科如地质学、化学和生物学都渗透到土壤的研究中。对土壤在科学意义上的认识起源于 19 世纪末期。1840 年德国化学家李比希（Justus von Liebig）发表《化学在农业和生理学上的应用》，创立矿质营养学说，确认矿物质是植物营养的基础；1840—1850 年间，英国约克郡的农民汤普生（H.S. Thompson）和英国皇家农学会的化学家魏（J.T. Way）提出了"土壤吸附学说"，指出了土壤中普遍存在的阳离子吸附 - 交换现象；1886—1888 年间，黑尔里格尔（H. Hellriegel）和维尔法斯（H. Wilfarth）证实了豌豆根瘤形成与氮气同化作用的关系，从而成为豆科植物根瘤菌共生固氮理论的开创者；1883 年俄罗斯学者道库恰耶夫（Vasili Vasilievich Dokuchaev）发表了《俄罗斯黑钙土》，阐明土壤是母质、气候、生物、地形和时间五大成土因素综合影响下形成的历史自然体，创立了"土壤发生学说"。道库恰耶夫的成土因素学说的提出标志着现代土壤学的诞生。以上这四项成就为现代土壤学奠定了坚实的基础。从此，土壤学以全新而独立的面貌出现在世界学科之林。

为了纪念道库恰耶夫和李比希在土壤学中做出的杰出贡献，国际土壤科学联合会于 2006 年设立了道库恰耶夫奖（Dokuchaev Award）和李比希奖（Von Liebig Award），每 4 年评选一次，每个奖项每次仅一位科学家获奖。该奖项旨在表彰科学家在土壤科学应用研究方面做出的杰出贡献，特别是在提高粮食安全、改善环境质量和保护土地和水资源开发等领域的新发现、新技术等。

图 1.5　道库恰耶夫（左）和李比希（右）的肖像

**知识卡片**

　　道库恰耶夫于 1846 年 2 月 17 日出生于俄罗斯斯摩棱斯克州米留可澳村。中学时期，道库恰耶夫曾在斯摩棱斯克学校主修神学，后转向自然科学，并于 1871 年获圣彼得堡大学物理和数学学院的学士学位。1872 年，他留校担任地质博物馆馆长。1877—1879 年间，他考察了乌克兰、摩尔多瓦、俄罗斯中部地区、伏尔加河地区、克里米亚和高加索北坡地区等。1878 年他获得圣彼得堡大学硕士学位，论文题目是《俄罗斯欧洲部分河谷的形成特征》。1879 年，他被聘为讲师。1883 年，获得圣彼得堡大学博士学位，论文题目是《俄罗斯黑钙土》，这是一本标志土壤发生学派奠基的经典著作。同年，他被聘为教授。

　　道库恰耶夫被认为是土壤学的奠基人。他还提出了土壤地带性学说，论述了土壤类型在一定的生物气候条件下呈带状分布的规律，成为土壤发生分类的依据之一。他还大力推动了俄罗斯的土壤制图工作，提出了一系列土壤改良措施。1903 年，病逝于圣彼得堡。

2022 年，在国际土壤学会大会上，本书作者之一朱永官院士荣获李比希奖，为首位获此殊荣的亚洲科学家。

图 1.6　朱永官院士获颁"李比希奖"
　　　　（图片来源：张佳宝）

## 知识卡片

　　道库恰耶夫最先提出土壤的成土因素学说。他认为，土壤是在气候、生物、母质、地形和时间等因素共同作用下形成的有自己发生和发展规律的历史自然体。进一步地，美国土壤学家汉斯·詹尼（H. Jenny）对土壤与成土因素进行了深入研究，于 1941 年发表《土壤的形成因素》（*Factors of Soil Formation*）一书，他在书中提出：

$$S = f(\text{Cl, O, R, P, T}, \cdots)$$

　　这一公式简称"clorpt"函数式，其中 Cl、O、R、P 和 T 分别表示气候（Climate）、生物（Organism）、地形（Relief）、母质（Parent material）和时间（Time）五大成土因素，成为解释土壤形成过程的通用公式。詹尼认为，在成土过程中的生物主导现象并不是千篇一律的，对不同地区、不同类型的土壤，往往有某一成土因素占优势而其他因素占相对弱势，这一论述完整地概括了自然条件下的土壤形成过程中各因素的相对作用。

## 4 · 人类活动：影响土壤形成的第六只"手"

农业革命以来，为了获得更多的粮食，人类通过各种途径和方法进一步加大了对土壤的改造强度。因此，人类活动逐渐成为影响土壤形成和演化的第六大因素，并且人类通常是通过改变其他成土因素来实现对土壤的改造。例如，对土壤施用矿质肥料、草木灰、石灰和矿渣等物质以及通过淤灌、洗盐等农艺措施改良土壤的性质和改变土壤演化的方向；通过修筑梯田、平整土地、人工堆积和围湖造田等措施改变土壤形成的小气候；通过灌溉、排水和人工降水等改变土壤水分状况；通过施用细菌肥料和土壤消毒剂等改变土壤生物种群；通过轮作休耕或松土等改善土壤生物生存条件。至于人类对时间因素的影响，也可以举出很多例子，比如土壤受侵蚀后底土的裸露使土壤更新、通过排水使水下土壤成为水上土壤、矿山复垦使土壤形成的时间因素发生变化。国外一些土壤学家将人类长期对土壤施加的这些影响称为变质发生作用，也称人为土壤发生过程。

人类活动对土壤形成的巨大影响，可从其对土壤侵蚀速率的影响上略窥一二。据估算，在人类出现以前，流失1厘米的土壤大约需要1400年。但在人类出现特别是开始农耕以后，土壤的流失速度越来越快。据科学家估测，目前每年全球土壤流失量达750亿吨，相当于4000亿美元的损失。

## 5 · 环境土壤学：新学科，新方向

到了20世纪60年代，科学家们开始认识到工农业等各种生产活动和人类的生活过程给土壤带来了一定程度的污染，并在局部地区产生了负面的人类健康效应。如20世纪60年代日本认定的重金属镉引起的"痛痛病"（详见第四章）。因此，自苏联第一个制定土壤卫生标准以来，各国纷纷开展环境土壤学的研究，并通过制定各种土壤环境标准值、土壤环境质量指导值、污染风险

筛选值和管制值、土壤污染触发值和行动值以及进行立法来保护土壤。

我国在 2014 年公布了《全国土壤污染状况调查公报》, 2016 年提出了《土壤污染防治行动计划》(简称"土十条"), 2018 年制定了新的土壤污染物的筛选和管控标准, 并于 2019 年实施了《中华人民共和国土壤污染防治法》。

## 6 · 土壤: 从关心粮食产量到关注土壤健康

工业革命以来, 人类生活水平大大提高, 人口数量暴涨, 全球人口从 1800 年的 10 亿激增至 2024 年的超 80 亿。因而, 如何养活日益增长的地球人口成为摆在我们面前的头等大事。同时, 资源被大量开采, 出现了环境污染、生态破坏、资源枯竭等影响人类社会可持续发展的严重问题。土壤作为人类粮食的源头, 其生产能力和生产品质长期受到了关注。但人类对土壤本身的健康关注却相对滞后。因此, 20 世纪 80 年代以来, 土壤健康(土壤质量)才得到重视。目前, 欧美、澳洲等地域各国纷纷制定土壤健康战略并提出土壤健康路线图, 在 2015 国际土壤年, 更是以"健康土壤带来健康生活"作为宣传主题, 来试图提高人们对土壤的保护意识。

## 7 · 从土壤健康到土壤安全

随着土壤学研究的深入, 人们逐渐认识到土壤不仅仅关系到人类的粮食安全问题, 同时深深地影响着生物多样性、气候变化、能源安全、水安全、生态系统服务等各种问题。例如, 地球上 1/4 的生物生活在土壤中, 土壤是地球上生命密度最高的载体。又比如, 土壤是地球上的第二大碳库, 其碳储量约是地表生物和大气中二氧化碳的碳储量总和的两倍。因此, 土壤中碳库的微小变化对地球暖化、气候变化都有着极大的影响。现在, 科学家已经认识到土壤安全是以上各项要素安全的核心。

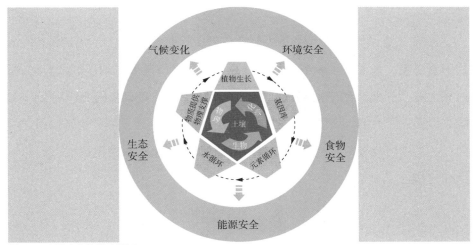

图 1.7　土壤安全的战略框架
　　（图片来源：朱永官）

## 8 · 从地球土壤到星际岩土

　　1969 年，第一批航天员到达了月球，而我国也于 2019 年登月并带回了月球表面的样品。航天员从月球表面收集岩石和尘土样本带回地球分析，结果发现月球岩石成分和地球深层岩石成分相似。一些科学家们因此认为，月球本身起源于一个火星般大小的天体与年轻的地球发生的一次巨大碰撞，喷出的熔岩物质进入星球轨道，这些物质受地球引力最后聚集在一起形成月球。在月球上，这些岩石保持不变或在流星的撞击等影响下破碎成土。而在地球上，岩石经过风吹、日晒，在接触到空气、水和生物的作用下变成了新的物质，最终成为人类的生命摇篮。

　　未来，人类可能会从更多星球上取回岩石和尘土样品，破解更多的宇宙奥秘。土壤学也将随着人类航天事业的发展，从地球走向宇宙。

## 理解土壤的名字

    世界上面积最大的一片黑钙土约占 250 万平方千米，这片土地上广泛种植着小麦、大麦、玉米等农作物，并在世界出口量中占据了很大的比例。黑钙土是广义黑土的主要构成，是大自然赋予人类最有名的高产和稳产土壤。以乌克兰为例，该国三分之二以上的土壤为黑钙土，加之第聂伯河穿境而过，润泽万物，故乌克兰也被誉为"面包篮"，俄乌两国更是一道被称为欧洲"粮仓"。

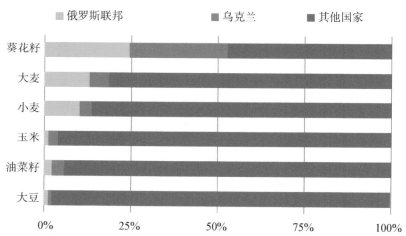

图 1.8　俄罗斯和乌克兰的主要农作物产量占世界的份额情况
　　　　（图片来源：FAO XCBS system）

为什么这种土壤叫"黑钙土"？要想了解这些，我们首先从一个问题开始：人们是怎么把土壤划分成各种类型的？

## 1 · 经典却有缺陷的划分方法：土壤发生分类

1873—1874 年，俄罗斯黑钙土地区遭受干旱，农业歉收，民不聊生，引发了社会对黑钙土问题的关注。1877 年，土壤学家道库恰耶夫开启了对黑钙土系统的调查，发现在土壤形成历史和成土母质等因素相似的情况下，土壤类型的更替和气候带的更替同时出现。也就是说，在一定的生物气候条件下，土壤类型随生物气候带呈现有规律的带状分布，这就是土壤的地带性分布规律。

继而，他首次提出土壤是气候、生物、地形、母质和时间五大成土因素的产物，是有自身发生和发展规律的历史自然体。这些认识也成为了土壤发生分类的主要依据。

土壤发生分类的核心思想是：每一种土壤类型都是在成土因素的综合作用下，由特定的成土过程所产生的，且具有一定的土壤剖面形态和理化性状（属性）。

图 1.9　左图：邮票上的头像为土壤发生学奠基者——道库恰耶夫；右图：道氏（右 2）与农民交谈
（图片来源：道库恰耶夫纪念邮票，苏联，1949；张甘霖拍摄于俄罗斯土壤研究所卡明草原试验站陈列馆）

如果某两种土壤的上述三个要素（即成土因素、成土过程和属性）组合完全统一，则被划分为同一种土壤类型。

然而，这一分类系统的缺点也十分明显。

第一，发生分类的基础是上文提到的土壤发生学假说，按照土壤的地带性分布规律划分土壤，但实际上在两个不同生物气候带的重合区域，可能同时存在不同类型的土壤。

比如，在亚热带皖南山区一个不大的乡村里，气候条件基本一样，所有山头的高度差不多，岩石也都是花岗岩，漫山遍野生长着竹林。这个乡村所有山上土壤的成土因素和成土过程相同或极度相似，如果按土壤地带性分布规律来鉴定都会被划成红壤。但笔者（杨顺华）在实地进行土壤考察时发现，有些山上的土壤却是黄色的，出现了"红壤不红"的现象。此外，在我国还有"黄壤不黄""黑土不黑""黄泥土满天飞"等现象。

第二，发生分类重视生物气候条件，而忽视时间因素。例如，热带和亚热带地区的红壤是一种发育程度较高的"顶级"土壤，但位于山坡部位的土壤，由于水土流失等原因，上层发育程度高的土壤可能会慢慢流失殆尽，导致下层发育程度很弱的土壤出露。这类虚假的"返老还童"土壤往往土层很薄，结构也差，养分含量也低。因此，如果忽视时间因素，则会将"顶级"土壤和"幼年"土壤混为一谈。

第三，土壤不是像动植物那样的离散个体，具有非此即彼的特性，它的特征通常是渐变的。土壤在空间上是连续分布的，从一种土壤类型变化到另一种土壤类型时，它的性质是逐渐变化的。

比如，在我国南方地区，常能见到红壤和黄壤这两种不同土壤在空间上相邻。如果从红壤向黄壤一路走过去，往往会发现它们中间还存在黄红壤、红黄壤等过渡性土壤。因此，运用发生分类可以把典型土类 A 与典型土类 B 之间的区别说得头头是道，但两者之间的边界常常是模糊不清的，以至于某些过渡性土类找不到合适的位置，而在分类命名时陷入模棱两可的境地。

第四，强调土壤的发生过程，但过程的强度通常是难以量化的。例如，发生分类常缺乏定量的分类指标，对土壤发生过程及其强度的判断依赖人的知识积累和主观经验。由于相关知识水平的差异，在进行土壤类型划分时，极易出现因人为主观差别而对同一土壤类型有不同鉴定结果的现象。

最后，一些土壤名称虽然具有极强的本土特色，但难以进行国际交流。比如，乌山土中"乌山"意指傍晚时分，微弱的霞光笼罩下的山体颜色。如果望文生义地将其翻译为"Black Mountain Soil"，只会让其他人摸不着头脑。

## 2·一种"定制"的划分方法：中国土壤系统分类

前面已经提到，土壤发生分类强调成土条件—成土过程—土壤性质的统一。尚且不论成土过程是基于成土条件和土壤性质的推论，成土过程本身也是一件看不见、摸不着的事情。因而在实际运用中，常因土壤调查人员认知水平的差异，对同一种土壤类型会给出不同的鉴定结果。

然而，成土过程的产物，也就是土壤性状本身却是可以定量测量的。如果用于分类鉴定的是基于可以测试分析的定量指标，那么分类结果不就可以避免这些问题了吗？基于这一理念，一个全新的定量分类系统——土壤系统分类应运而生。

美国农业部组织以史密斯（G. D. Smith）为首的土壤学家自 1951 年开始研究土壤系统分类方案，并于 1975 年正式创立并出版《土壤系统分类》（*Soil Taxonomy*）。该分类提出了诊断层和诊断特性的概念，并以定量指标为基础。

所谓"诊断层"，是指用以识别土壤类别，在性质上有一系列定量说明的土层。"诊断特性"则是指用于分类目的、具有定量规定的土壤性质，包括形态特征、物理和化学特征。如果说发生分类依据土壤的成因和过程，那么系统分类则是依据过程所形成的结果。如果某两个土壤具有相同的诊断层，则可以划为同一种土壤类型。

**知识卡片**

下面以黑钙土为例，举例说明。

发生分类上的典型黑钙土大致对应于中国土壤系统分类中的均腐土。均腐土的主要诊断依据是具有暗沃表层（一种"诊断层"）和均腐殖特性（一种"诊断特性"）。其中，暗沃表层的定量说明包括：

（1）厚度：

a. 若直接位于石质、准石质接触面或其他硬结土层之上，为≥10厘米；或

b. 若土体层（A+B）厚度<75厘米，应相当于土体层厚度的1/3，但至少为18厘米；或

c. 若土体层厚度≥75厘米，应≥25厘米

（2）颜色：具有较低的明度和彩度；搓碎土壤的润态明度<3.5，干态明度<5.5；润态彩度<3.5；若有C层，其干、润态明度至少比C层暗一个芒塞尔单位，彩度应至少低2个单位；和

（3）有机碳含量≥6克/千克；和

（4）盐基饱和度（$NH_4OAc$法）≥50%；和

（5）主要呈粒状结构、小角块状结构和小亚角块状结构；干时不呈大块状或整块状结构，也不硬。

　　　　　　　　　　　　　　第一章——什么是土壤

图 1.10　黑龙江省大庆市林甸县黄河村的黑钙土景观及土壤剖面照
　　　　　（图片来源：杨顺华）

　　我国土壤系统分类的发展借鉴了采用诊断层和诊断特性以及定量依据的分类思想，但在诊断层和诊断特性建立、分类指标和标准上与美国土壤系统分类又有所不同。

　　这主要是由于现代土壤学发源于温带和人为作用不大强烈的地区，而中国境内丰富而又复杂的生物气候条件举世罕见。中国既有大片的温带地区，又有成片的热带和亚热带地区；既有四千年农耕传奇缔造的诸多人为土壤，又有广袤无垠的自然土壤；除了湿润区，还有干旱区；特有的三级阶梯地形格局上，还耸立着青藏高原这样的世界"第三极"。

　　独特的自然地理环境，造就了我国独特的成土条件，因而任何一个国外土壤分类系统都无法完全适用于我国。为此，自 1984 年开始，在中国科学院南京土壤研究所的主持下，联合全国 34 所科研院所和高校，历时近 20 年，完成了《中国土壤系统分类》。自此，中国有了一套适合于我国国情的定量分类系统，实现了从定性分类向定量分类的跨越，并得到了国际土壤学界的一致好评。

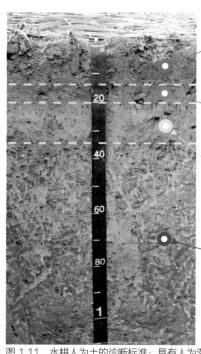

耕作层
养分多，根系密，由原土壤表层经长期灌溉耕作而成，富含有机质。

犁底层
紧实，长期耕作中受到农机具的压实而成，可阻滞水分下渗，具有保水保肥的功效。

渗育层
土色较浅，多呈灰色，由季节性灌溉导致土壤铁还原并随下渗水淋失所致。

水耕氧化还原层
水耕条件下，上层淋失的铁锰氧化淀积形成棕色铁锈斑纹和铁锰结核等，有时还残有原有母质的铁氧化物，漂白部分指示了非均质的还原淋失过程。

图 1.11 水耕人为土的诊断标准：具有人为滞水水分状况和水耕表层（耕作层和犁底层）及水耕氧化还原层（图片来源：张甘霖、杨顺华）

在中国土壤系统分类中，有 11 个诊断表层（指位于土体最上部的"诊断层"，如用于鉴定均腐土的暗沃表层）、20 个诊断表下层（指位于土壤表层之下的"诊断层"，如用于鉴定灰土的灰化淀积层）、25 个诊断特性（指用于鉴定土壤类型的土壤性质的定量规定，如下文提到的潜育特征）和 20 个诊断现象（指不能完全满足"诊断层"或"诊断特性"规定的条件，但足以作为土壤类别划分依据的土壤现象，如钙积现象）。

根据这些定量诊断指标，我国土壤分为 14 个土纲：有机土、人为土、灰土、火山灰土、铁铝土、变性土、干旱土、盐成土、潜育土、均腐土、富铁土、淋溶土、雏形土和新成土。

在这一分类系统中，每一个土壤类型都有定量指标的规定。例如，潜育土的诊断指标为：排除了前七种土壤类型之后，在矿质土表至 50 厘米范围内至少有一厚度≥10厘米的土层呈现潜育特征。

　　简单地说，潜育特征就是由于长期泡在水里，氧气严重不足，含铁氧化物还原造成土壤颜色发青。这种逐级检索式的分类系统，使得土壤分类定名有了定量依据，赋予了每一种土壤类型一个独一无二的检索位置。因而，可以说是给每一种土壤办理了一张数字身份证，避免了"红壤不红""黄壤不黄"的现象。

有机土
富含有机物质的土壤

人为土
人为作用下形成的土壤

灰土
有灰化淀积层的土壤

火山灰土
有火山灰特性的土壤

铁铝土
高度富铁铝化的土壤

变性土
有强烈胀缩性的黏质土壤

干旱土
有干旱表层的土壤

盐成土
有盐积和碱积层的土壤

潜育土
强还原作用的土壤

均腐土
腐殖质均匀分布的土壤

富铁土
有低活性黏粒富铁层的土壤

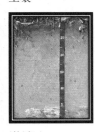
淋溶土
有高活性黏粒黏化层的土壤

雏形土
有风化B层的土壤

新成土
新近形成的土壤

图1.12　中国土壤系统分类中的14个土纲
　　　　（图片来源：根据《中国土壤地理》和《中国土系志》相关成果绘制）

## 3 · 如何理解各种"土名"？

在生物分类体系中，一般按照界、门、纲、目、科、属、种的顺序对生物进行分类。其中，种是最基本的分类单位，科是最常用的分类单位。从"界"到"种"，越往下分，相同归属的生物之间的特征越相近。

类似地，中国土壤系统分类也有一套从上往下的六级分类体系，即：土纲、亚纲、土类、亚类、土族、土系。其中，前四个为高级分类单元，后两个为基层分类单元。越往下分，类型越多。土系是土壤分类的最基础单元，数量最多。据专家粗略估计，我国至少应有3万个土系。

在科技部基础性工作专项重点项目"我国土系调查与《中国土系志》编制"的资助下，中国科学院南京土壤研究所联合全国26所高校和科研单位，在400多人的共同努力下，历经十余年，建立了基于定量标准的土系4351个，出版了《中国土系志》。这一成果是新时期我国土壤分类的标志

图1.13 《中国土系志》丛书
（图片来源：鞠兵）

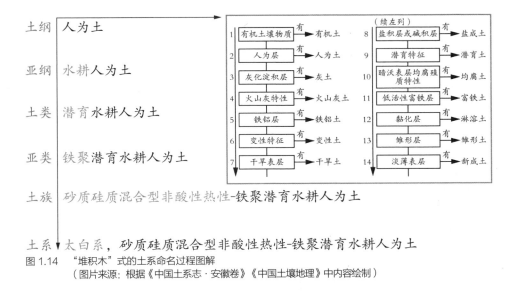

土纲  人为土

亚纲  水耕人为土

土类  潜育水耕人为土

亚类  铁聚潜育水耕人为土

| 1 | 有机土壤物质 | 有 | 有机土 | 8 | 盐积层或碱积层 | 有 | 盐成土 |
|---|---|---|---|---|---|---|---|
| 2 | 人为层 | 有 | 人为土 | 9 | 潜育特征 | 有 | 潜育土 |
| 3 | 灰化淀积层 | 有 | 灰土 | 10 | 暗沃表层均腐殖质特性 | 有 | 均腐土 |
| 4 | 火山灰特性 | 有 | 火山灰土 | 11 | 低活性富铁层 | 有 | 富铁土 |
| 5 | 铁铝层 | 有 | 铁铝土 | 12 | 黏化层 | 有 | 淋溶土 |
| 6 | 变性特征 | 有 | 变性土 | 13 | 雏形层 | 有 | 雏形土 |
| 7 | 干旱表层 | 有 | 干旱土 | 14 | 淡薄表层 | 有 | 新成土 |

(续左列)

土族  砂质硅质混合型非酸性热性-铁聚潜育水耕人为土

土系  太白系，砂质硅质混合型非酸性热性-铁聚潜育水耕人为土

图 1.14  "堆积木"式的土系命名过程图解
（图片来源：根据《中国土系志·安徽卷》《中国土壤地理》中内容绘制）

性成果，入选了国家"十三五"科技创新成就展，也是土壤科学领域入选的唯一成果。

土壤的命名采用逐级检索连续命名方式，形象地看就类似于一个"堆积木"的过程。积木每加一块，土壤类型的级别下降一级，反映的土壤信息也越丰富。

比如，在"铁聚潜育水耕人为土"这一亚类中，"人为土""水耕""潜育"和"铁聚"分别对应的是土纲、亚纲、土类和亚类的性质。土族的命名是在亚类前叠加反映土壤分异特性的名词，例如"砂质硅质混合型非酸性热性"。土系调查面向的是土壤实体，它的命名可以采用该土系代表性剖面点位或者首次描述该土系的所在地的标准地名直接定名，比如"太白系""西林系"等。

**知识卡片**

　　问题来了，"太白系"（砂质硅质混合型非酸性热性－铁聚潜育水耕人为土）这个土壤名字到底有什么含义？

　　"太白"：土系命名通常以首次记录该土系的地点直接命名，这个土壤的调查地点是安徽省当涂县太白镇太白村，表明该区域比较广泛地分布着这种土壤。

　　"水耕人为土"：长期种植水稻的土壤。

　　"潜育"：50 厘米以上的土壤全部或有一部分长期泡在水里，颜色发青，这类土壤在利用时往往需要注意挖深沟排除积水。

　　"铁聚"：说明土壤中有一个氧化铁在其中集聚的层次，可以发现黄色、黄褐色的球形铁锰结核或条带状的锈纹锈斑。

　　"热性"：表示一般位于亚热带地区，这意味着作物可以一年两熟，如种植制度为双季稻、水稻－小麦轮作、水稻－油菜轮作。

　　"非酸性"：表示土壤 pH 值大致在 5.5~7.5 之间，正好合适，不需要施用石灰等来改良酸性或施用石膏等来改良碱性。

　　"硅质混合型"：意味着土壤的矿物比较多是二氧化硅类，由于二氧化硅吸附离子的能力较弱，所以这类土壤的保肥供肥性能有限。

　　"砂质"：表示这类土壤中砂粒含量高，质地粗，而砂粒的主要成分一般就是二氧化硅，这与"硅质混合型"也正好对应。

图 1.15 "太白系"代表性单个土体剖面及其典型景观
（图片来源：李德成，陈吉科，赵明松）

明白了土壤名字的由来及其背后的含义，我们再回到开头的问题，黑钙土是什么，又有什么特别之处？

所谓黑钙土，从字面意思上看，是土体呈黑色（意味有机质含量高）、具有钙积层（碳酸钙积累的土层，pH 值在 7.5 以上）的一类土壤。黑钙土大多土体深厚，有机质含量高，具有理想的团粒结构，非常适合种植小麦、玉米、油菜、大豆等农作物，而且产量高、品质好。

例如，我国东北地区是全球四大黑土区之一，该区出产的大米、玉米等农作物享誉全国，其粮食产量和粮食调出量分别占全国总量的 1/4 和 1/3。

按照中国土壤系统分类，典型黑钙土被命名为钙积干润均腐土，这个名称透露了什么信息呢？

首先，"钙积"就是钙积层的意思；其次，"干润"指一年中有 90~180 天时间土壤处于干燥状态，可以简单理解为干燥度在 1~3 之间的地区（也就是半干旱-半干润地区，例如东北的松嫩平原西部、西北的黄土高原）。

最后，"均腐土"意味着从上到下腐殖质（有机质的主要成分）的含量都很高，而腐殖质含量高的土壤多是黑色的。相比于发生分类的名称，系统分类显然给出了更加定量化的信息。

土壤分类是认识和管理土壤的工具，也是土壤普查的主要内容之一。时隔 40 余年之后，我国在 2022 年正式启动了第三次全国土壤普查，土壤系统分类必将在这次普查中发挥重要作用。

我们不仅要"多识"土壤之名，更要"多解"土壤之名。认识土壤名字，只是认识土壤的第一步，只有用心理解土壤名字背后的信息，我们才能更好地利用和保护土壤。

# 土壤与文明

人类作为有智慧的生物，探究人类的起源以及文明的发展不仅是为了满足人类的好奇心，对于人类的将来也充满意义。

最近的研究表明，人类的祖先是鱼类，我们的耳朵源自鱼类的鳃；到了类人猿阶段，由于气候变化，非洲大陆特别是非洲东部大裂谷的茂密森林演化成稀树草原，类人猿只能到地上活动，慢慢演化成能人、直立人，进而成为智人，并走出非洲。2022 年诺贝尔生理学或医学奖得主、瑞典科学家斯万特·佩博（Svante Pääbo）的研究证实，3.5 万年前，智人到了欧洲，不仅占据了生活在 20 万年前活跃在欧洲地区的古人类——尼安德特人的地盘，更给尼安德特人带来了灭顶之灾，这是因为智人的一个关键蛋白——转酮醇酶样基因 1（*TKTL1*）上的一个氨基酸的差异，让智人比尼安德特人具有了显著优势，增加了大脑神经细胞的产生，这可能是现代人类与已灭绝的其他古代人类之间的认知差异的基础。

如果说人类的起源和演化充满着各种变数，是环境和基因突变的产物，充满着偶然性，那么文明的发展与脚下的土壤的关系则存在着必然性，土壤是人类文明发展的基础，土壤的好坏影响着文明的兴衰乃至灭亡。由于土壤先于人类而存在，人类社会从诞生开始到文明的发展无不与土壤息息相关。

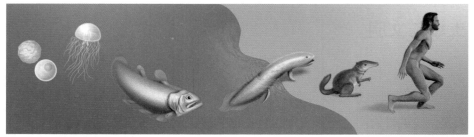

图 1.16  人类的来源和演变
（图片来源：视觉中国）

### 1·肥沃的土壤为人类文明的诞生提供了基础

如果仔细分析古代四大文明（古巴比伦、古埃及、古印度河流域和中国）的发源地，我们就会发现它们都诞生于大江大河沿岸。这种早期的农业文明被称为河谷文明，文明在河谷中生长有几个原因，最突出的是为农业和其他生产需求提供良好的水源。每年的洪水带来充足的水源和肥沃的土壤，能种植更多的农作物，生产出的粮食超出了维持农业村庄的需要。基于此，社区的一些成员可以从事非农业活动，例如建筑和城市（"文明"一词来自城市这个词）、金属加工、贸易和社会组织。船运是一种简单有效的人员和货物运输方式，促进了贸易的发展，并逐渐创造出艺术、科学、政府等。早期的河谷文明出现在古巴比伦、古埃及、古印度河流域和中国。大约公元前4000 年，美索不达米亚开始了更高层次的城乡社会，而黄河常被称为"中华文明的摇篮"。

同时，土壤保护技术为文明的推进提供了动力。当文明向山区挺进时，土壤的保护变得更加重要，如梯田和粪肥的应用，这使得文明能够从平原向山区发展。

图 1.17　郑州 - 河南 - 黄河
（图片来源：视觉中国）

## 2·文明因为土壤的破坏而衰落甚至衰亡

在历史的长河中，诞生过四大文明以及其他众多的小文明如玛雅文明、复活节岛文明等，但很多文明都消失了。许多古代文明直接或间接地开发利用土壤以促进其发展，但农业实践加速了土壤侵蚀，远远超过了土壤形成的速度。这些文明的消失有着各种各样的社会因素和自然因素，但土壤的破坏却是关键的一环。

土壤肥力对古人来说是个谜，因此古代文明中缺乏土壤保护技术和土壤肥力维持技术。古希腊文明首先是在一片肥沃的土地上发展起农业，并以此为基础创立起来的。随着社会的发展，公元前 8 世纪中叶，古希腊半岛大部分地区已经明显地呈现出人口压力的迹象（主要是指在食品供应方面的压力），此时，古希腊大部分较好的土地均已开垦种植，有些坡地森林也已经被砍伐。随后的三个世纪中，人口继续增加，耕地需求量越来越大，古希腊人就将他们的耕地逐渐向原先是林地或牧场的山坡上推进，然后，为了弥补牧场缩小所造成的损失，他们在剩余的牧场上进行过量放牧，并砍去更多的森林以扩大草场，这种状况一直发展下去，直至所有的可耕地都种植了作物。于是，不幸也随之降临到古希腊人的头上，绝大多数的土地遭到冬季大雨的侵蚀，开垦的山坡地和砍伐过的林地上的表土被迅速地冲蚀流失，草地、牧场也由于超载放牧而毁坏。面对生态环境的恶化，一些古希腊人开始觉醒，公元前 590 年左右，雅典第一位首席执政官梭伦（Solon）已经意识到雅典城邦的土地正变得不适宜种植谷物，就极力提倡不要继续在坡地上种植农作物，提倡栽种橄榄、葡萄。几年之后，古希腊雅典僭主庇西特拉图（Peisistratos）为了鼓励种植橄榄树，给雅典城邦的农民与地主颁发奖金。但是，为时已晚，那时雅典土壤的毁坏和流失已到了无可挽回的悲惨境地。类似地，曾经是农业发祥地的美索不达米亚因为土壤的盐渍化最终导致了文明的消失，位于南美洲附近的复活节岛也因为岛上树木的大肆砍伐造成严重的水土流失而文明不再。

有趣的是，在其他古代文明因为土壤侵蚀、土壤盐渍化等问题而逐渐消亡之际，中华文明的土壤却经久不衰，在当时条件下养活了众多的人口和家禽家畜，让中华文明从一开始便得以持续，这一现象引起了美国土壤物理学家富兰克林·H.金（Franklin H. King）的关注，他对于美国的土地经过 1~2 代人耕作后产量下降感到困惑，同时对亚洲特别是中国能够保持土地丰饶、地力经久不衰感到惊讶。他考察了中国整个东部，从南到北，历经 8 个月，写出《四千年农夫》一书，现在被翻译成数十种语言，成为有机农业的经典书目。大量事实证明，如果在农业生产过程中加强土壤质量的有效管理和土壤生物多样性的保护，不仅能使土壤肥力再生，甚至越来越好。

## 3 · 现代文明下的土壤危机

在 20 世纪初，美国农业快速西进，开垦美国西部的大草原，肥沃的土地带来了丰厚的收成，但裸露的土壤遇到了长期的干旱，形成了美国最惨烈的环境灾难——沙尘暴，在 1934 年 5 月 11 日凌晨，美国西部草原地区发生了一场人类历史上空前未有的黑色风暴。风暴整整刮了 3 天 3 夜，形成一个东西长 2400 千米、南北宽 1440 千米、高 3400 米的迅速移动的巨大黑色风暴带。黑色风暴所经之处，溪水断流，水井干涸，田地龟裂，庄稼枯萎，牲畜渴死，千万人流离失所。黑色风暴在 3 天内还把 3 亿吨肥沃表土送进了大西洋。而在日本因为上游的矿山开采和冶炼，重金属镉通过灌溉进入了下游的稻田，当地居民因长期食用镉超标大米，导致了震惊世界的环境公害病——痛痛病。

2013 年《科学》中的一篇文章《尘土飞扬》写道，伟大的文明之所以崩溃，是因为它们未能阻止其赖以生存的土壤的退化。现代世界也可能遭受同样的命运。

## 4 · 土壤健康让生态文明更加璀璨

《四千年农夫》生动阐述了中华文明数千年长盛不衰的秘密，但毋庸讳言，在近 40 年的经济快速发展中，因为前期环保意识薄弱和环保措施不到位，我国的生态环境特别是土壤污染较为严重，具体表现在：（1）土壤因为重金属和酸化的共同夹击而带来粮食安全风险；（2）土壤酸化、盐渍化以及土壤生态系统弱化表现出来的连作障碍；（3）过量施肥、偏施氮磷钾肥带来的土壤养分不平衡、品质低下、作物病虫害严重和面源污染等。因此，在推动乡村振兴的同时，需要开展面向土壤健康的土壤治理。不仅要注重土壤有机质，更需要给乡村土壤来个"体检"，找出影响土壤健康的障碍因子，通过调酸碱、补营养、创活力等措施尽快让土壤健康起来。

进入 21 世纪以来，我国通过"沃土工程"推进农田有机质提升。据估算，通过"沃土工程"，我国农田土壤碳库的年增加量为 2500 多万吨，折合近 1 亿吨二氧化碳当量，相当于 2014 年我国农业温室气体排放的 12%。如果采用有机无机复合施肥、秸秆还田、少免耕等措施配合，我国农田的年固碳能力还能再翻一番，达到近 2 亿吨二氧化碳当量。随着乡村振兴的推进，以及目前农业农村部正在开展的"耕地质量保护与提升行动"，将促进"碳中和"更进一步。2020 年 7 月，习近平总书记曾发出了保护利用好黑土地这一"耕地中的大熊猫"的号召。通过现代生态农业技术提升土壤有机质，不仅是对"用地养地结合"的中国传统农耕文明的传承和弘扬，亦是发展健康农业、推进以农业为基础的乡村产业发展的有力举措，更是对世界气候行动的重要贡献。

中华文明将因土壤的健康和土壤保护而更加璀璨。

# 第二章

——

# 土壤的本质

# 土壤的颜色

　　土壤的颜色之多，出乎大多数人的想象。

　　最早关于土壤颜色的记载，大概是《周易》里很多人耳熟能详的一句：天玄而地黄。地即土壤，当时中华文明的核心，都聚集在黄土地区。黄土在地球上非常广泛，但中国有着分布最广、土层最厚的黄土，其中兰州的黄土厚达 300 多米。在风吹水刷的作用下，黄土流失进入黄河。这黄色的高原和河流，孕育了中华最早的文明。

　　以黄土为中心，中国大地还存在其他四种典型颜色的土壤，分别为东青、西白、南红和北黑。这五种颜色的土壤合称为"五色土"，成为了中国大地的代表物。很多人一辈子都没有见到过这么多颜色的土壤，但它们的确真实分布在中国广袤大地上。

图 2.1　张掖彩色丘陵地貌
　　　　（图片来源：视觉中国）

　　　　　　　　　　　　　　　　　　　　　第二章——土壤的本质

图 2.2 云南东川红壤
　　（图片来源：视觉中国）

　　中国地势西高东低，低洼的东部汇集了众多的河流湖泊，也是我国主要的稻作区域。特殊的地理位置让东部的土壤大多呈现青色，这是因为水隔绝了氧气，让土中稳定形成了大量的青色的亚铁矿物。类似的化学反应，也是我国古代制作青砖的基础。砖块的原材料也是土壤，富含黏土和铁氧化物。在砖头的烧制过程中，加水隔氧闷烧，部分燃料变成炭黑，可以把红色的铁氧化物还原成青色的氧化亚铁。歌谣里唱到"青砖伴瓦漆"，如果没有这富含氧化亚铁的青色土壤，也烧不出这古色古香的青砖。

　　从东往西，气候越来越干燥。河流湖泊少见，荒漠和戈壁成为代表性的景观。西部可以种植农作物的区域仅仅分布在少数的绿洲地区。大部分的区域缺少植被覆盖，土壤直接受到太阳的曝晒。白天的日照蒸发了土壤里为数不多的水分。为了补充丧失的水分，土壤深层的水分通过土壤中的毛细孔上移，同时把土壤深层的钙镁盐分带到了地表，形成一层白色的盐碱。有些动物，会特意去寻找并舔食盐碱地，以补充体内盐分。这种特殊地貌，见证了几千年中原和西域的文明交流，但随着灌溉系统的建立和农业的进步，白色盐碱地正一点点地转变成肥沃的农田。

北方黑土区域是我们的粮仓。北方气候，夏天凉爽冬天寒冷。植物在夏天蓬勃生长、冬天枯萎凋零。冬天的低温限制了动物和微生物对凋零的植物残体的彻底降解，于是长年累月的积累形成了东北黑土。龚自珍的一句"落红不是无情物，化作春泥更护花"，非常适合用来形容东北的黑土是如何形成的。东北黑土中含有大量由植物残体形成的有机质，不仅保肥保水，适宜发展农业，也是非常重要的土壤碳库。对于土壤环境科学家来说，一个重要的学术问题就是如何让有机质更多地保留在土壤中，让土壤成为大气二氧化碳的常驻之地，让更多的土壤变成黑土地。

南方气候炎热多雨。四季高温让分解有机质的微生物常年活跃，有机质很难保存下来。南方土壤不仅缺少有机质，夏季连绵大雨，也冲刷掉了土壤里面黏土颗粒和盐分。于是，南方土壤里以非常稳定的红色铁氧化物为主。越往南，土壤越红，也越贫瘠。火星上之所以在望远镜里呈现红色，也是因为它的地表含有很多的铁氧化物。

所以，土壤所在的地理和气候决定了其生物和化学组成，而其化学组成又决定了其颜色。中央黄土区的黄色大致是黑色有机质、红色铁氧化物和灰白色黏土中和而呈现的色彩，所处气候不干、不涝、不冷、不热，所以成为了中华文明的摇篮。

土壤实际的颜色并不限于这五种颜色，比如四川盆地的紫色土，也是一种非常有代表性而且肥沃的土壤。通过一个简单的土壤实验，甚至可以让土壤呈现如同彩虹般绚丽的色彩变化。制作方法很简单，只需要以下三步：

第一步，有条件的可以用水稻土或者池塘底泥，没有条件的挖林下土或者菜地土也可以。摘除掉里面的大树枝草根和石块待用；

第二步，准备一个透明塑料容器（矿泉水瓶剪掉顶部，就是一个很好的容器）；

　　　　　　　　　　　　　第二章——土壤的本质

第三步，在准备好的土壤里面加上一张纸巾，打入一个生鸡蛋，混到土壤里面，然后把混有纸巾和鸡蛋的土壤装进准备好的透明容器里面，加满水，放在有阳光的地方就可以了。等待几个星期，就可以看到里面逐渐呈现漂亮的颜色。

这就是一个著名的维诺格拉茨基土柱实验。这个实验现象是 18 世纪由俄国传奇土壤微生物科学家谢尔盖 · 维诺格拉茨基（Sergei Winogradsky）发现的。这丰富的颜色，反映了在太阳光的驱动下土壤中复杂而且有序的生物化学反应。这些颜色里，不仅有矿物形成的颜色，比如黑的硫化物、红的铁氧化物、白的钙盐，还有各种光合细菌的色素。在鸡蛋和纸巾的作用下，土壤里形成了一个个适合微生物生长的小区域，而这些微生物产生的各种颜色，让土壤形成扎染一般有趣的图形和花纹。

仔细看，一座山，一棵树，一个工厂，一片农田，即使在小范围里土壤也会有不同的颜色和质地。阿瑟 · 柯南 · 道尔（Arthur Conan Doyle）在《福尔摩斯探案集》里就提到，福尔摩斯"一眼就能分辨出不同的土质。他在散步回来后，能根据溅在裤子上的泥点颜色和坚实程度说出是在伦敦什

图 2.3　用不同方式培养出来的彩色土壤
　　（图片来源：JoyPul Microbe）

么地方溅上的"。

通过筛选和提纯，土壤中矿物可以呈现更加曼妙的色彩。这些矿物曾经是画家们的心头好，甚至都顾不上这些矿物或强或弱的毒性。木炭（黑碳）是最早的原始人画家用的工具，在土壤中能大量找到木炭的存在，这些黑碳不仅记载了土壤形成过程所经历的山火，也能很好地改善土质。不过对于画家来说，更为重要的是纯白的矿物，最受画家喜欢的白色矿物是铅白，这是一种含氧化铅的矿物，它的白色比氧化锌的白更加温暖，但是又不如硫酸钡那样昂贵。此外，还有一些特定的铜矿物、砷矿物、钴矿物，呈现了非常绚丽的蓝色、绿色、粉色。在有机颜料尚未发展起来的时候，它们是西方画家们最重要的颜料来源。

土壤不仅有赏心悦目如彩虹般的颜色，在特定仪器的帮助下，土壤还能呈现肉眼看不见的荧光和红外光。而研究土壤与光的关系，已经形成了一门专门的学科——土壤光谱学。通过这些特殊的颜色，我们可以快速判断土壤是否缺少养分，是否需要施肥，是否需要浇水，甚至发现土壤里看不见的污染物。

# 土壤的质地与风味

有一种感觉，叫"踩屎感"，用来形容极致的穿鞋感受。然而，生活在乡野的人会说，把鞋子和袜子脱了，在泥塘里摸鱼抓虾的"踩泥感"，才是更加高级的感受。因为泥可以把整个脚背，甚至小腿给埋没。要是正好能摸到一条鱼，一下子让人脑子里挤满了多巴胺，那留下的欢喜更是无穷尽。这种体验是放之四海而皆准的，不管是中国的泥娃子还是英国的小猪佩奇，他们都知道泥坑里的"踩泥感"才是更加高级的感觉。

如果说这世界上谁有最为深刻的"踩泥"经验，那肯定是成天和土壤打交道的土壤学家了。一个成熟的土壤学家会根据"踩泥感"（确切说是"摸泥感"）把土壤分成 12 类，然后告诉你这个土壤是适合用来种花，还是种瓜；是适合用来做陶器，还是适合用来盖房子。这种"摸泥断土"说难也不难，需要一个特别的仪式，简单来说是这样的：

第一步：揉团，在感兴趣的土壤里面加适当的水，捏成乒乓球大小的泥团，如果不能成团，那么这个就是砂土。

第二步：捏片，将泥团放在掌心，然后四指弯曲，用拇指和食指把泥团捏成泥片，要是捏不成片，摸起来又有细颗粒感的话，那就是壤砂土，手指感觉丝滑的话，就叫砂壤土；泥片长小于两个指头宽，就是壤土，大于两个指头小于四个指头，就是黏壤土；还能更长的话，那就是适合用来做陶器的黏土了。

第三步：和稀泥，取一小片泥在掌心加水，用一个手指把泥和成稀泥，体会其中感觉，颗粒感重，那就是偏砂性，丝滑感强，就是偏黏性，两者差不多，那就是壤土性。这些感觉组合起来，可以很好地区分不同的土质。当然，更加准确的划分还需要依靠仪器来判定。

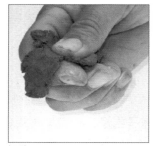
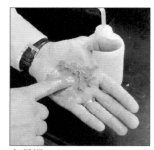

揉团             捏片             和稀泥

图2.4   简单三步判断土壤性质
（图片来源：Marin Master Gardeners）

    其实不需要太多的经验，普通人也能通过这简单的三步来判断土壤好坏。揉不成团的，太砂，保不住水和肥；黏性太强的，容易结块，挖都挖不动，植物根可能都扎不进去。但并非说这些土壤不好，不同质地的土壤，可以有不同的用途，偏砂性的土壤可以用来种西瓜，偏黏性的土壤可以用来种水稻。

    土壤学家对土壤中砂粒、粉粒和黏粒都有清晰的定义。小于2毫米大于0.05毫米的是砂粒，再大的颗粒对土壤功能贡献不大，基本不考虑了；小于0.05毫米大于0.002毫米的是粉粒，粉粒已经很难直接用肉眼区分，摸起来有面粉的感觉；更小的就是黏粒，黏粒的表面积非常大，土壤的胀缩性、可塑性、持水性、机械强度和化学吸附能力等，很大程度上是取决于土壤中黏粒的含量。一块真实的土壤往往是这三种颗粒都有，但是比例不同。下页的三角形图就展示了不同砂粒、粉粒和黏粒组成下土壤的分类结果。

                       第二章——土壤的本质

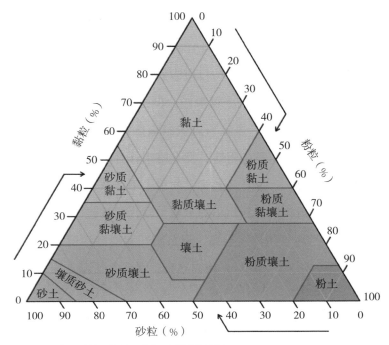

图 2.5  各式各样的土都是黏粒、粉粒和砂粒不同比例的混合
    （图片来源：杨顺华）

土壤的质地对植物生长影响很大。植物的根就像人们踩在泥坑里面的脚。根的表面有水分和养分的接收器，如同皮肤表面的神经细胞一样，可以"感知"土壤里面哪里水分多，哪里养分足，然后通过根的四处延伸来获取土壤里面的水分和养分。但根系和我们的皮肤不一样，根系顺着土壤里面的孔隙生长，不像皮肤一样拥有很多神经细胞。

那么根系是怎么"感觉"土壤是结实的，还是松软的呢？如果土壤是松软的，那么根系可以毫不费力的扎进去；如果土壤是硬实，那么努力生长的根系就好像撞上了"南墙"，费力还不讨好。所以，根系必然有自己的一套方法来感知土壤有多硬实。

很容易想到的可能是当根系遇到穿不透的土壤时，就会被迫拐弯。然而，《科学》杂志上的一篇论文发现植物根系有更加巧妙的办法。跟绝大多数的动物一样，植物也会散发一些具有激素作用的气体分子，最常见的就是乙烯。植物根系不能直接感知土壤颗粒，但是可以轻松地闻到乙烯的味道。通过闻乙烯来判断障碍物，这就有点像蝙蝠感知昆虫，蝙蝠一边发出超声波，一边听，如果前面有昆虫阻碍，那么蝙蝠就会听到不同的声音。对植物而言，根系一边延展，一边释放乙烯。如果土壤孔隙大，也就是说土壤比较疏松，乙烯就消散得较快；孔隙小的紧实土壤，气体就扩散得慢，于是造成压实土壤周围的乙烯气体浓度很高。根系感知到有高浓度乙烯气体的区域，就会早早地避开，防止"撞墙"。动物界有"春江水暖鸭先知"，而植物界则有"土壤质地根来探"。

土壤不仅有丰富的质感，还有特别的风味。人和动物，都有吃土的习俗。小时候的动画片有专门讲大型动物吃红土补充体内矿物质的故事。而在饮食领域有着源远流长历史的中华美食，自然也不会放弃用土做食物的机会。其中最著名的要属叫花鸡，那是连洪七公都点赞的美食。甚至还有直接用土做辅材的零食，比如山西的传统美食炒指。炒指是外形如同手指的面食，用非常细腻的黄土炒制，吃起来别有风味。

说了地球上的土，接下来说说月球上的土。月球和地球可谓一母同胞，岩石成分非常类似。岩石又是土壤母质。所以，就化学成分上来说，月球上的土和地球上新鲜的火山喷发沉积物并没有太大的不同，大约一半是硅酸盐，也就是玻璃，剩下的是氧化铝、氧化钙、镁、钛，以及铁和氧化铁。以至于一些"穷困"的研究者只好使用火山灰来代替昂贵的月壤，来研究它们的化学性质。

但月球上的土和火山灰肯定不一样，因为它们"炒制"方法有很大的不同。地球上土壤的"质地"，是由岩石母质、气候、生物和人类活动等因素决定。月球上只有岩石，没有生物和人类活动，但是有更加剧烈的陨石撞击、太阳风辐射、太阳耀斑和银河宇宙辐射，以及温度变化。这些是造成月壤质地的主要原因。

和地球上的土壤不同，在月球的土壤里能发现金属铁。地球上丰富的氧气把所有的金属铁都变成了氧化铁，也就是铁锈。月球上大气稀薄，太阳风（主要成分是质子流，质子加上电子能组成氢原子）直接刮到土壤里，把土壤里面的氧化铁还原成金属铁。铁的味道要比氧化铁寡淡很多，所以我们用金属铁来制作铁锅和铁勺。

强烈的放射性环境还给月壤带来一股奇怪的风味——自由基的味道。太阳风和紫外线等有一个很重要的作用，它们会让土壤带电，还能形成自由基（一种很活跃的化学基团），这使得月壤有很强的化学活性，难以长期保存。所以目前没有人知道这些自由基和带电土壤会在人的舌头上发生什么化学反应，产生何种味道。

图2.6　嫦娥五号月壤样品中的黏结物，一看就很"硌牙"
（图片来源：杨蔚）

除了化学成分，物理形态对口感也非常重要。月壤是非常蓬松的，有点像面粉，所以航天员可以轻松地在月球上留下脚印。但是它的口感肯定不会像可口的面粉。它吃起来可能会是一种有点扎嘴硌牙的感觉。因为在陨石的撞击下，月球上古老的岩石首先被击碎，然后融化，再形成各种形态的颗粒，尤其是独特的黏合集块岩。很多颗粒形状都不规则，有棱有角，互相直接勾连在一起。所以不要期待月壤有巧克力一样丝滑的口感。

尽管以上都基于我们对月壤目前的认识所作的猜测，那么有没有人真的尝过月壤的味道呢？

答案是有的。当人类第一次登上月球的时候，航天员就吃过月球上的土，当然不是故意的。不管在哪里，都不该品尝不熟悉的东西。航天员"吃月壤"是一个意外。当航天员第一次完成探月工作返回登月舱的时候，发现又轻又黏又硌的月尘经常躲在航天服外面夹缝里，无论怎么努力，都没有办法全部除去。航天服一脱，月尘飘浮在宇航舱里，航天员一张嘴，就尝到了飘浮着的月壤的味道。据说这个味道有点像"火药"的味道。现在的火药味道是来自其中一种含氮的有机物，这在月球上是肯定不存在的。那么为什么月壤会有这种奇怪的味道，到现在也还是一个谜。

第一次吃月壤的航天员为此得了一次"干草热"，据推测，长期暴露在月壤中可能会得"硅肺"。所以，在用月壤种出来好吃的食物之前，月尘月霾可能是月球移民首先要面对的问题。

美国的阿波罗计划已经从月球上取回来 380 多千克的土壤。当这些月壤回到地球上，科学家并没有发现它们有什么奇怪的味道。其中一个可能的原因，是这些月壤在地月运输过程中变质了，地球和登月舱上的氧气，让月壤变成了和普通火山灰类似的东西。尽管最开始的保存办法也考虑到了需要真空保存，但是无孔不入的微小月尘卡住了密封装置。这使得美国的 6 次采样，都没能带回来"新鲜"没有变质的月壤。而我国嫦娥六号已带回世界首份月背样品，将进一步增加人类对月球演化的认识。

# 用之不竭的土壤（元素循环）

2002 年的 10 月，北京已经进入微冷的秋季，笔者（陈正）第一次出差到了祖国大陆的最南端——广东省湛江市徐闻县。走下大巴，外面 40 摄氏度的热浪差点把我掀倒，路边的大树底下长着一丛丛小草，似乎是北京花鸟市场常见的含羞草。轻轻拨动它的叶子，叶子快速收拢了，这的确是含羞草无疑了。在北方贵为观赏植物的含羞草在这里居然是遍地可见的野草。从温带到热带，最让人诧异的还不是这不同的植被，而是脚下深红色的土壤。尽管在教科书上早就见过这种叫作砖红壤的土壤，当它漫无边际地铺展在眼前时，这种热情似火的红让人深刻体会到天地的威能。

图 2.7　湛江徐闻砖红壤
　　　（图片来源：视觉中国）

鲜活
的
土壤
Living Soil

砖红壤是一种风化程度非常高的土壤，在热带的大雨和高温下才能形成砖红壤。这恰好也是含羞草喜欢的气候，当热带风暴袭击大陆的时候，含羞草可以及时收拢叶片，减少和风雨的接触面积，从而保护它柔而不弱的小身躯，与茎直叶宽的北方大树相比，它在狂风暴雨下有更好的生存能力。大地上的土壤在风雨下无处可避。在雨水的冲刷下，土壤中矿物成分根据其化学稳定性的不同，逐渐地被冲走进入低洼地区。最早流失的是极易溶于水的钠钾等阳离子和硝酸根等阴离子，其次是钙镁和硫酸根，于是在砖红壤里剩下最多就是铁、锰、铝等非常稳定的矿物成分，这些成分也是其砖红色的由来。

热带地区丰富的水热条件，适合植物全年生长。郁郁葱葱的绿色让人产生一种错觉，在这郁郁葱葱下面是肥沃的土地。事实上，支持植物茂盛生长的土壤可能非常贫瘠。在砖红壤里，重要的养分氮和磷在风吹雨淋下损失大半，然后其中的铁、锰、铝等金属氧化物可以牢牢地绑住磷，让植物难以吸收。当然植物也有其特殊的本领，从磷含量本来就不高的土壤里抠出一些能用的磷来。在这样的环境中，生物对养分的竞争非常激烈。一旦植物的叶子凋零、果实落地，其中的营养物质会快速地被其他的动植物所利用。这就好像一群人吃大锅饭，不抢就会饿肚子。土壤就像是盛饭菜的锅碗，在热带的盛宴里，这锅碗干干净净，营养都留在了复杂的生物链中。

土壤是如何支撑植物生长的？里面的营养物质会不会枯竭？在土壤科学的研究早期，并没有定论。毕竟人的一生太短，和土壤的寿命比起来几乎可以忽略不计。根据对农业土壤的观察，美国农业部土壤处的米尔顿·惠特尼（Milton Whitney）曾在 1909 年发表言论认为土壤是一种永不枯竭的资源，在他看来，土壤是不变的，不会枯竭，不会用完。对于一个单独的人类个体来说，这个说法似乎是成立的，很少有人能看到土壤消失或者产生，土壤就是永恒的大地宝藏。

然而，土壤并非真的永不枯竭。很多人都知道水桶定律，即一个水桶

　　　　　　　　　　　　　　　　第二章——土壤的本质

的容积是取决于它最短的木板。这个水桶定律，是100多年前德国化学家李比希提出的，用来形容土壤养分和植物生长之间的关系。植物生长需要从土里摄取13种必需元素，这13种必需元素类似于组成木桶的13块木板，任何一种缺乏都会极大程度限制植物的生长。通过这些元素在土壤中的含量，我们可以定量地去描述土壤的肥沃程度。长年跟踪这些元素在土壤中的浓度变化，我们就可以推测这种土壤在未来会变得越来越肥沃，还是越来越贫瘠。在不同环境下，土壤中供给给植物的必需元素会流失，会缺乏，变得不适合植物生长。

另外一个让人困惑的问题是，人类文明历经这么多年了，为什么土壤里面的各种营养成分依然可以持续支持着农业的发展？中国人的祖祖辈辈在黄土大地上耕作了几千年，似乎也没有发现有什么土地完全不能用来种菜。各个大陆架碰碰撞撞几亿年了，到处也还是郁郁葱葱。历史上众多的案例告诉我们，决定土地粮食产量的，更多的取决于降水、气温、作物品种等因素，而不是脚下的土壤。土壤似乎真的是永不枯竭的资源。

这事说起来也简单，土壤千千万万年如一日，是因为在这片土地上的动物、植物、微生物和土壤一起，构成了一张自动循环的物质流动网络。尽管人类自诩为万物之灵，但是在农业革命前，绝大多数人一辈子都不会离开自家方圆5千米的地方。每个人的吃喝拉撒也是当地生态系统的一部分。植物利用光合作用固定能量，从土壤中吸收养分，这些养分一部分以根的形式保留在土壤中，一部分凋零，一部分被动物们吸收。然而最终，这些进入动物和人类社会的养分，在不长的时间之后会重新回到土壤。在热带，养分在土壤中停留的时间很短，但是在亚热带和温带，养分在土壤中驻留，形成巨大的养分库。于是最好的农业种植区，大多并不是在水热条件最好的热带，而是在气候不冷不热的亚热带和温带地区。

但这个元素循环模式到农业绿色革命的时候就被打破了。绿色革命中灌溉设施解决了降水的问题，温室大棚解决了气温的问题，施肥代替了土壤中自然的元素循环，植物分子科学的发展促进了大量作物品种的涌现，甚至拖拉机的出现大量释放了被拴在土地上的人力。一大半不用从事农业生产的人涌进了城市，养分的迁移不再局限在周围几千米。

几千年前的农业社会和如今以城市为核心的人类社会，最大的区别之一就是"干饭的人"和"种地的人"并不生活在一起。粮食、蔬菜和水果可以从千里之外运输到繁华的城市，然后进入市场、下水道、垃圾填埋场、污水处理厂，再进入到淤泥中，直到永不见天日。大概10年前的一个研究发现，北京城一年消耗的食物，相当于5000多吨的磷，其中只有不到1/10可以重新回到农业体系，剩下的3000吨进入垃圾填埋场，1000多吨进入了河流湖泊。土壤的养分从一个相当稳定的循环，变成一个几乎是单向的转移。这在城市会造成资源浪费和水体黑臭的问题；而在广大农村，带来的就是土壤退化问题。

技术发展让降水、气候和作物品种不再是难以解决的问题，接下来，如何弥补被打破的土壤养分循环将是保障粮食安全的关键。在农村恢复植被、减少水土流失，在城市让厨余垃圾通过堆肥等形式回到农田，不仅仅是每个人都可以做的小事，也是可以保障我们粮食安全的大事。只有对土壤精心呵护，土壤才是永不枯竭的资源。

# 如何测定土壤有机质的年龄

《西游记》里开篇描写孙悟空乃是一块仙石裂开后产的一石卵，见风所化的石猴。有好事者通过西游记的描述，推断孙悟空大概诞生在公元前 580 年，中国的春秋战国时期，距今约 2600 年。其实，自然界绝大部分土壤的形成也是类似的过程，也都是石头受风化后成土。那同样的是石头缝里长的土壤，科学家也有办法知道其年龄吗？

通过分析其风化过程，或者土壤发育程度，可以对土壤的年龄进行初步的判定。但准确给土壤定年非常困难。地质样品定年最精准的方法是通过测定放射性元素的衰变过程。自然界中的碳元素有三种同位素，分别是碳-12，碳-13 和碳-14（后面的数字表示元素的原子量）。地球上 99% 的碳是碳-12，大约 1% 是碳-13，另外还有极少部分的碳-14（约兆分之一，即 0.0000000001%）。碳-14 是一种放射性的同位素，是宇宙射线撞击空气中的氮原子而产生。碳-14 作为放射性元素衰变放出 β 射线，碳-14 原子转变成氮 -14 原子。碳-14 的半衰期为 5730 ± 40 年，也就是说每过 5730 年，样品中的碳-14 原子数目要减少一半。

大气中的碳-14 含量一般认为是一个常量。大气的碳-14 一边通过衰变减少，一边由于宇宙射线撞击而缓慢产生碳-14，所以大气中的碳-14 和其他的碳同位素（如碳-12）始终保持一个平稳的比例。一切生物体中都有碳原子，这些碳元素都是直接或者间接地来自当时的大气，所以活着的生物体内的碳-14 比例也是稳定的。当生物死亡后，其体内的碳-14 不断衰变。大约每经过 5730 年就会衰减为原来的一半。历经几百万年，甚至更长时间后变成化石燃料（石油、煤等）的生物质，其体内碳-14 几乎衰变殆尽。根据碳-14 衰变的半衰期，当时在芝加哥大学工作的威拉得·利比（Willard Libby, 1908—1980, 1960 年诺贝尔化学奖获得者）发明了碳-14 年代测定法。该测定法利用有机材料中含有碳-14这一特性，根据它可以确定考古学、地质学和水文地质学样本的大致年代，其最大测算不超过6万年。然而，碳-14定年的前提是所分析的系统需要"死去"。在开放系统，比如孙悟空，他从石头里蹦出来之后，还不停的吃桃喝酒，他体内的碳-14不停得到补充，所以并不能取一根孙悟空的毫毛就用碳-14测定计算出他的真实年龄。土壤和孙悟空一样，土壤中的放射性碳既来自新鲜植物固定的新碳，也包括了死去的植物微生物中固定的旧碳。土壤的发育过程不断与大气交换，新固定的碳与旧的碳混合后，系统的平均年龄与碳-14所衍生的年龄并不相符。所以碳-14定年并不能直接用于土壤定年。

谁能想到，当初原子弹"空爆"实验，居然给土壤中现代有机质的定年带来转机。20世纪60年代，全球原子弹"空爆"释放了大量的碳-14，大气中碳-14的浓度增加了一倍多。如果我们跟踪大气中碳-14的浓度变化的话，就会发现在1960年前后，大气中碳-14的含量出现了一个尖峰被称为"炸弹高峰"。大气中由于原子弹空爆增加的碳-14（代表了相对"年轻"的碳）随光合作用进入植物体再转移到土壤中，这在小时间尺度（单年和年际变化）上研究土壤碳周转速率时，可以帮助判断土壤中含碳有机质是在1960年前进入土壤的，还是之后进入土壤的。

19世纪80年代以来，加速器质谱（AMS）技术的出现极大地提高了测量精度并降低了样品的需求量（约为常规方法的十万分之一至万分之一），从而加速了土壤碳-14的测定和检测单体化合物（如生物标志物磷脂脂肪酸）的实现。碳-14数据以$\Delta^{14}C$表示，即样品与标准品草酸的$^{14}C/^{12}C$（碳-14同位素和碳-12同位素）比值间的千分比，并基于1950年和测量年份间产生的衰减进行校正。当$\Delta^{14}C > 1$表示样品形成于核爆之后。苏珊·特朗博(Susan Trumbore)教授在其博士后期间，率先使用加速器质谱分析碳-14，并将其作为研究碳循环的全球示踪剂。使用"炸弹尖峰"作为限制植被和土壤中碳周转的示踪剂，可以帮助科学家了解不同土壤碳库动态的土壤分馏方法，明确微生物驱动土壤碳循环的重要性以及全球变化对土壤碳的影响，并将观测结果用于检验土壤碳动力学模型。这也算是一种因祸得福吧。

# 第三章

——

# 土壤的功能

# 土壤与衣食住行

衣食住行是人类生活的基本需求，只有这些需求得到了足够的保障之后，我们才有余力去谋求个人的发展，推动社会的进步，这也是马斯洛需求层次结构中第一层次的核心要义。如果某一事物与人类的衣食住行密切相关，能够显著影响人类的生存和发展，那么它就是不可或缺的资源。土壤就是这样一种宝贵的自然资源。

土壤与衣。衣服的本质目的是保暖御寒和遮羞美化，满足的是安全欲望。人类在从猿到人的演化进程中，衣服的材质经历了从粗糙到精致的重大变化，但始终离不开纤维素这个基本元素。植物纤维素是重要的制衣原料，例如，棉花的主要成分就是纤维素，其含量可达 90% 以上。土壤虽然不直接生产纤维素等制衣原料，但它为棉花等植物的生长提供了必要的营养元素和合适的外部环境。这些元素包括氮、磷、钾、硫、钙、镁等大量元素和硼、氯、铜、铁、锰、钼、锌等微量元素。

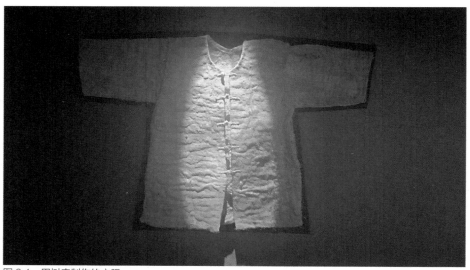

图 3.1　用树皮制作的衣服
（图片来源：杨顺华）

　　　　　　　　　　　　　　　　　　第三章——土壤的功能

图 3.2　新疆长绒棉
（图片来源：冯文澜）

　　土壤与食。"民以食为天，食以土为本""万物土中生，有土斯有粮""一方水土养一方人""洪范八政，食为政首"……土壤之于食物的重要意义，似乎再怎么强调都不为过，这是因为土壤不仅为粮食作物生长提供了必要的营养元素，还为它们提供了生长的物质基础。尽管一些现代化的植物工厂已经能够在无土环境下生产食物，但这对于庞大的全球人口来说，仍然是杯水车薪。因此，土壤依然是食物的根本来源。有人算过一道数学题，中国14 亿人口，每天一张嘴，就要消耗 70 万吨粮、9.8 万吨油、192 万吨菜和23 万吨肉，要满足如此庞大的消费需求……耕地必须保持在 18 亿亩，这是底线。为了进一步强调土壤与食物的关系，联合国粮食及农业组织将 2022年世界土壤日（12 月 5 日）的主题设置为"土壤，食物之源"。

　　土壤与住。土壤还是重要的建筑材料，被天南地北的人们用来构建成了一个个独具特色的民居。其中最著名的例子可能是黄土高原上的窑洞。在一系列以黄土高原为故事背景的影视剧中，都描绘了居民居住在窑洞的场景。这是当地居民利用了黄土土层厚实、地下水位低的特点，窑洞还有冬暖夏凉的优点。砂姜钙积潮湿变性土和砂姜潮湿雏形土广泛分布在我国安徽与河南的淮北平原，在山东的胶莱平原、沂沭平原，江苏的徐淮平原，河南的南阳盆地等也有分布，它的主要特点是土体内含有砂姜状石灰结核或钙磐。平原地区土层深厚、基岩隐没在地下深处，石块等坚硬的建筑材料缺乏，本着就地取材的理念，土壤中相对坚硬的砂浆成了当地老百姓构建围墙的绝佳材料。我国南方地区也有广泛利用土壤建造房屋的例子。例如，福建土楼是我国传统民居建筑，其主要建筑材料就是附近的土壤。

土壤与行。俗话说得好"要想富，先修路"。道路是保障我们日常出行和交往的基础设施，而土壤条件则是修路时必须考虑的因素。青藏铁路是通往西藏腹地的第一条铁路，也是世界上海拔最高、线路最长的高原铁路，堪称世界铁路建设工程中的奇迹。它被称为"一条神奇的天路"。这主要是因为青藏铁路建设面临三个世界铁路建设难题：青海格尔木至西藏拉萨段550多千米的冻土地基、高寒缺氧的环境和脆弱的生态。冻土，顾名思义即为土体内有冻层或寒冻物质的土壤。当车辆在冻土表面经过时，势必会产生热量融化冻层，从而使地面塌陷，危及行车安全。为克服这一难题，以中国科学院西北生态环境资源研究院的科学家和工程师为代表的科研人员，发明了一种"热棒"，它能够高效传导行车产生的热量，很好地解决了冻土层融化造成路面塌陷的问题。如今，当我们穿行在青藏铁路或青藏公路时，随处可见这些可爱的"热棒"。

图 3.3 　中国陕西省延安市山区内窑洞建筑
　　　　（图片来源：视觉中国）

图 3.4 　福建省漳州市南靖县书洋镇田螺坑土楼群
　　　　（图片来源：视觉中国）

图 3.5　青藏公路冻土区景观
　　（图片来源：杨顺华）

图 3.6　青藏公路沿线的"热棒"
　　（图片来源：杨顺华）

　　　　　　　　　　　　　　　　　　　　第三章——土壤的功能

实际上，除了影响人们的衣食住行，土壤还有着更多的"特异功能"。根据联合国粮食及农业组织的总结，土壤具有诸多重要的功能，包括但不限于：提供食物、纤维和燃料，保存文化遗产，提供建筑材料，人类基础设施的地基，药品和遗传资源的来源，洪水调节，生物栖息地，养分循环，气候调节，净化水和减少土壤污染物，以及碳封存。

# 土壤：人类的药箱

## 1 · 链霉素的发现与抗生素

传染病曾经是人类大敌。引起传染病的各种病原体能在人与人、动物与动物或人与动物之间相互传播。这些病原体中大部分是微生物，小部分为寄生虫，后者引起的疾病又称寄生虫病。这些病原体或者寄生虫很多长期或者短暂地生活在土壤中，这也是为什么在缺乏科学知识的古代，土壤被认为是"肮脏"的。直到现在，掉在地上沾染土尘的食物，也不建议继续使用。

肺结核是人类历史上最古老的疾病之一。考古研究发现在各地的古人遗骸中，都发现了疑似肺结核的胸部结核状病变。现在肺结核已经并不多见，但曾经在中国大地上肆虐。新中国成立初期，国内有将近三千万名肺结核患者。鲁迅笔下的"人血馒头"，就是劳苦大众在对肺结核束手无策的时候，幻想出来的"灵丹妙药"。

肺结核至今仍未消亡，但已经不是当初的不治之症。肺结核特效药的发现与土壤微生物学的研究与发展密切相关。罗伯特·科赫（Robert Koch，1843—1910，1905 年获得诺贝尔生理学或医学奖）是德国细菌学家，他于 1882 年发现肺结核是由于结核杆菌感染肺部引起的传染病。自从发现肺结核的元凶——结核杆菌，科学家们就开始寻找治疗肺结核的方式。

肺结核特效药——链霉素的发现是一个传奇的故事，也是土壤生态功能的一个极其耀眼的闪光点。这个传奇故事的主人公是土壤生物学家瓦克斯曼（Selman Waksman，1888—1973）教授。瓦克斯曼是一位杰出的科学家。1915 年，当他在罗格斯大学读研究生的时候，开始研究土壤中的放线菌。放线菌是原核生物中一类能形成分枝菌丝和分生孢子的特殊类群，因在固体培养基上呈辐射状生长而得名。瓦克斯曼从土壤中分离出许多放线菌的菌种。在研究过程中，他发现，土壤中丰富的微生物并不是单独地生活在独立的空间中，而是始终处在相互作用的状态下。正是在这种思想指导下，他和他的团队系统研究土壤中不同微生物的协同和拮抗作用——也就是微生物之间如何合作或打架。在研究中他们发现，和其他细菌和真菌相比放线菌通常可以更好地抵抗不良环境条件，由此他们推断放线菌可能会抑制后者的生长。

瓦克斯曼教授在土壤微生物学研究的成绩，引起了美国国家研究委员会土壤微生物分会以及美国结核病研究会的首任主席怀特博士（Dr. Wm. Charles White）的关注。1932 年，怀特博士邀请瓦克斯曼教授研究结核杆菌在自然环境中的存活动态。他们发现一种结核杆菌可以在灭菌的土壤里繁殖，但是在不灭菌的土壤中则慢慢消亡，正是这样一项研究最终导致了链霉素的发现。事实上，早在 1923 年瓦克斯曼和他的第一个博士生斯塔基（Starkey）就发现当放线菌在土壤中繁殖时会杀死其他微生物。他们的研究结论是放线菌代谢产生的某些物质对许多细菌有毒，但是遗憾的是当时谁也没有细想到底是什么物质起作用，包括瓦克斯曼本人。

到了 1937 年，瓦克斯曼突然想到之前研究的放线菌和其他细菌之间的“战争”及其导致死亡这个现象需要系统研究。他安排了两名他认为最得力的博士生重新开始探究这个土壤中微生物之间的互作及其机制。由于前期的积累和深入的思考，1939 年开始瓦克斯曼教授和他的同事们开始系统研究土壤中的细菌如何影响结核杆菌。他召集了八名年轻人开始全面“排查”放线菌产生的具有杀菌作用的物质。他们先后发现了放线菌素、链丝菌素、烟曲霉素和珊瑚菌素。遗憾的是，这些物质对动物毒性很大，因此无法通过动物实验来证实其治疗肺结核的能力。大概在 1942 年，瓦克斯曼的另一位博士生阿尔伯特·萨兹（Albert Schatz）加入团队继续“排查”放线菌，他在新泽西州农学院的农场土壤中分离到一株新的可以抑制结核杆菌生长的链霉菌（放线菌的一种），后来重新命名为灰色链霉菌（*Streptomyces griseus*）。1943 年他们成功地从这个链霉菌中分离出链霉素。他们把分离出来的物质交给了治疗肺结核病的两位临床医生，发现链霉素对动物的毒性很小，由此看来萨兹分离的菌株意义很大。1944 年 1 月他们正式宣布链霉素的发现。与此同时，他们继续和临床医生开展系统的合作，并于 1944 年 7 月获得了详细的实验结果，证明链霉素是治疗肺结核的特效药，而且对许多人类的其他病原菌也有很好的杀灭作用。1952 年瓦克斯曼教授因为发现链霉素而被授予诺贝尔生理学或医学奖。

图 3.7　2011 年 7 月笔者（朱永官）在访问美国新泽西州立大学时参观了位于该校 Lipman 大楼底层的瓦克斯曼纪念馆。
（图片来源：朱永官）

图 3.8　塞尔曼·瓦克斯曼

## 知识卡片

　　塞尔曼·瓦克斯曼（Selman Waksman）于 1888 年 7 月 22 日出生在乌克兰首都基辅附近的普里卢基，1910 年随其父亲移居美国。1911 年他入学美国新泽西州立大学，学习农业科学。大学期间他的教授李普曼就意识到瓦克斯曼有极好的科研潜质。因此，1915 年大学毕业后留在新泽西州农业试验站跟随李普曼从事土壤微生物学研究，在李普曼（Jacob Lipman）教授的建议下瓦克斯曼在攻读硕士学位期间专门研究放线菌。他于 1916 年获得硕士学位，同年他获得加州大学研究生奖学金，于 1918 年在加州大学伯克利分校获得生物化学博士学位。他在攻读博士学位期间也是研究放线菌，并对放线菌产生了浓厚的兴趣。博士毕业后应李普曼教授的邀请，瓦克斯曼返回美国新泽西州立大学，被聘为微生物学的讲师，于 1925 年和 1930 年分别晋升为副教授和教授。

　　1945 年瓦克斯曼教授在《科学》杂志撰文提出将土壤微生物学作为科学研究的一个领域。在文章中他指出，现在可以明确的是土壤微生物学家不仅可以为维持土壤健康与促进植物生长做出贡献，还可以为微生物学，特别是微生物生理学以及微生物在工业、公共卫生和其他领域做出贡献。土壤微生物学家可以帮助人们控制有害微生物和利用有益微生物。

瓦克斯曼教授在文章中也特别解释了为什么采用"土壤微生物学"，而不是"土壤细菌学"。他认为土壤微生物学家不仅要关注细菌，也要关注真菌，以及一些原生动物、藻类，甚至土壤中大量存在的线虫和其他软体动物。他认为只有充分理解所有这些低等生物及其相互关联性才能厘清土壤微生物学这门复杂而重要的学科。在当时的认知水平，瓦克斯曼教授就对土壤微生物学研究提出了如此系统的观点，足见其有深邃的学术见地，值得我们不断学习和品悟。

## 2·抗生素耐药性——人类健康的新挑战

青霉素、链霉素等抗生素的发现让人类第一次有了可以和病菌战斗的武器。抗生素的临床应用是人类医学史上具有里程碑意义的重大成就。自从有了抗生素，从前足以致命的感染得到了有效的治疗，无数人的生命得以挽救。不仅如此，1950 年美国食品与药品管理局还首次批准抗生素可作为饲料添加剂，1954 年英国农业研究委员会在国际著名科学周刊《自然》上报道科学数据，证明抗生素具有促生长作用，从而提高养殖业的效率而推广其使用。抗生素因此被全面推广应用于动物养殖业，在预防和治疗动物传染性疾病，促进动物生长及提高饲料转化率等方面发挥了重要作用。

古话说"福兮祸之所伏"。遗憾的是，过了大约 20 年，美国塔夫茨大学的研究人员于 1976 年发现带有抗生素耐药性的细菌质粒从鸡传给了人，显示了动物养殖系统的抗生素耐药性的健康风险。据统计，30%~90% 的抗生素难以被人类和动物体吸收，而最终以药物母体本身以及代谢产物随尿液和粪便排出体外。但随着抗生素药物的生产、使用，甚至是无监管的滥用，从而引起耐药细菌的出现，对人类的生命健康造成威胁。抗生素耐药性是指微生物可以耐受抗生素的抑制和致死作用而存活和繁殖。目前，抗生素和抗生素耐药性污染已经成为全球性的环境与健康问题。

抗生素抗性基因（简称抗性基因）被认为是一种新兴污染物，但是和传统的化学污染很不一样。抗性基因大多存在于活的细菌体内。和其他的基因一样，细菌的繁殖可以倍增抗性基因的数量（又叫基因的拷贝数）。我们把这种增殖扩散机制叫作垂直转移。不仅如此，细菌还有特殊的本领，它们不仅可以从"父母"身上获得基因，邻近的细菌之间也可以交换遗传物质，这个过程叫作基因横向或水平转移。当细菌处于抗生素污染的压力下，会增加细菌的基因突变并产生抗性基因的概率。此外，细菌之间进行基因横向转移的频率也会增加。因此，抗生素污染可以导致抗性基因的扩散和传播，最终会进入一些人类的病原菌中。当人类病原菌获得多重耐药性（多种抗生素抗性基因）就有可能成为超级细菌，严重威胁人类健康。

抗生素耐药性可以产生在一个小小的养殖场或医院，或城市污水处理厂，这些都是抗生素大量使用或者汇集的区域。但是微生物一旦产生耐药性，就可能像传染病一样，在全球快速传播。这种传播途径是多种多样的，包括人类自身的长距离旅行、污水的排放、国际贸易、候鸟迁徙等。2009年，韩国、英国和瑞典的联合科研小组从一位在瑞典就医的印度病人身上发现了一种新型抗性基因。接下来，在英国发现了 29 例类似病人，这些病人大多有印度旅行史。2011 年，科研人员在印度新德里的街头积水或河流水体采集的水样中，甚至在新德里的饮用水中也发现了它的身影，基本确定其来源。抗生素耐药性领域的专家将这种变种基因命名为 *NDM-1*，含有这种抗性基因的细菌具有很强的耐药性，它们能抵御除替加环素和多黏菌素之外的其他所有抗生素的药效，而其中一些细菌甚至对现在所有抗生素都有耐药性。而目前的研究表明 *NDM-1* 基因正在全球不断扩散，多个国家相继报道，甚至在极地地区也检测到该基因的踪迹。

2011 年世界卫生组织（WHO）将世界卫生日的主题定为"抗生素耐药性：今天不采取行动，明天将无药可用"。其数据显示，全球每年约有 44 万例耐药结核病新发病例，至少造成 15 万人死亡。2015 年世界卫生组织发布报告，呼吁建立全球抗生素耐药性监测系统。之后许多国际组织和机构提出了行动方案，阻击抗生素耐药性的蔓延。在 2016 年 9 月 21 日召开的联合国大会第 71 次会议上，联合国各成员国采纳了抗生素耐药性高级别会议的政治宣言。为此，联合国秘书长宣布成立联合国机构间抗生素耐药性协调小组（IACG）。2019 年 IACG 报告指出"必须行动起来：应对耐药感染，确保美好未来"。

抗生素耐药性的问题是一个系统性的问题，其实质是微生物及其所包含的基因在人类、动物和环境之间的循环问题。图 3.9 就显示了这样一个循环过程。为了解决这样的系统性的问题，我们必须把人类放在生态系统中来考虑，而不能独善其身。为了人类自身的健康，我们必须保护好生态系统，特别是动物和植物。如果动物和植物不健康就需要使用包括抗生素在内的化学品，这些化学品的残留会诱导环境微生物产生耐药性，最终会影响人类健康。

为了应对这样一个系统性的问题，联合国机构间抗生素耐药性协调小组提出我们必须采纳卫生一体化（One Health）的方针。

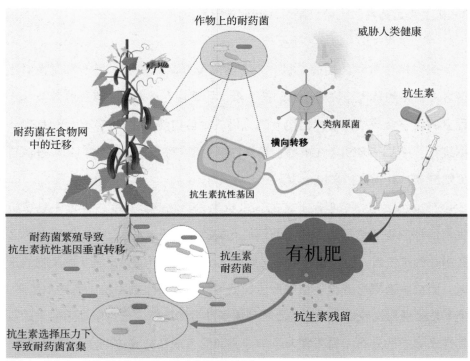

图 3.9  抗生素、抗生素抗性基因在环境中的循环示意图

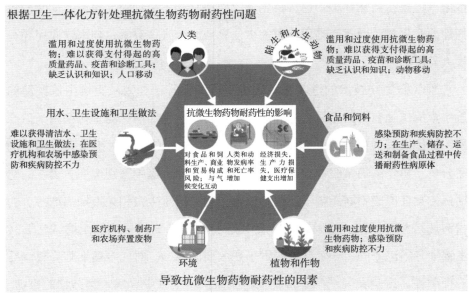

图 3.10  卫生一体化方针下（One Health）抗生素耐药性的应对策略
（图片来源：改自联合国 IACG 报告，2019）

### 3 · 抗生素耐药性：土壤仍是解决问题的出发点

应对抗生素耐药性的危机，一方面需要遏制其蔓延，另一方面我们还得寻求更多的替代药物或是新的抗生素。尽管现在许多抗生素药物涉及一定程度的化学合成或改性，但绝大部分仍然源自自然微生物的次生代谢产物。据统计，1982—2019 年在市场上销售的抗生素 7% 是天然产物，48% 是源自天然产物，其中许多来自土壤。

土壤仍然是一个丰富多样的未来抗生素药物的储存库。土壤中具有抗生素活性的物质约是几千种，而已经开发的不到 5%。为什么土壤中有这么多潜在的抗生素，但是被开发的又如此之少呢？这是因为土壤是微生物的乐园，而抗生素被这些微生物用来传导信号，这使得土壤中抗生素种类虽多，但其浓度通常比较低。不同的土壤环境条件会影响抗生素合成基因的表达及其在土壤中的分布。微生物为了争夺资源而合成和分泌这些次生代谢产物，作为武器来抑制其他微生物的生长，所以在资源缺乏的环境中更容易找到抗生素。但是，自然环境中这些抗生素物质通常并不是针对人类或者动物的致病菌而产生的，而且容易误伤有益微生物或影响人体健康，与医学应用还有较大差距。

现代微生物技术的进步和基因组手段的提升正在为从土壤中挖掘新的抗生素提供强有力的工具。通过对微生物合成次生代谢产物（如细菌天然产物）基因及其代谢通路，结合对从土壤中直接提取的 DNA 进行大规模的测序分析，科学家们从纽约公园土壤和加州的草地土壤中鉴别出许多潜在的包括抗生素在内的不同药物（还包括抗癌药物，抗寄生虫和免疫抑制剂等）的代谢通路和基因簇。当前约 60% 的用于抗癌的药物最早是从土壤或土壤微生物中分离出来的。一个典型的例子是放线菌素 D，对乳腺癌细胞具有较好的抑制性。这些发现进一步激发了科学家们从土壤中寻找人类药物的自信。尽管，目前这些研究展示了土壤作为人类药物宝库的潜在价值，但由于土壤的高度复杂和不均一性，所以离真正开发利用仍有很长一段路要走。

## 4 · 土壤中矿物类的药物

爱动脑筋的人可能会问，既然土壤里面含有这么多好东西，直接把土壤敷在伤口上或者吃进肚子里是不是也能治病？这样做当然存在很大的风险，治不好病不说，土壤中也含有很多刺激性物质甚至有毒物质，胡乱食用土壤可能会造成更大的问题。土壤中抗生素需要经过复杂的分离纯化和鉴定评估，才能用于病人。但有些土壤矿物，长久以来都被用作药物，比如拉肚子可以吃蒙脱石散，里面的蒙脱石就是一种常见的土壤矿物，它可以覆盖在肠道黏膜表面，在腹泻的时候保护肠道。

土壤矿物在药品有限的古代是非常重要的药物来源。最早人们发现土壤矿物的治疗作用可能来自每天不自觉地摄入。这些土，比如通过灰尘，或粘在食物上的一些土，不小心被吃到肚里。许多民族还有主动食土的习俗。很多考古证据显示人类在很早就有食土的习惯。食土的方式也各不相同，有的是将土壤与脂肪或米面粉混合，有的是通过土壤包裹烘烤的。但是关于食土是否有利于健康，目前尚无定论。而动物界也广泛存在吃土的现象，动物摄入土主要是为了补充体内缺乏的矿质营养，尤其是一些微量元素。

不仅土壤中的抗生素能杀菌，一些研究证明某些层状硅酸盐矿物，如高岭土和膨润土，也具有良好的杀菌作用。这个神奇的现象由来自非洲科特迪瓦的一名药剂师发现。她利用来自法国的"绿色黏土"（后被证实有效成分为伊利石）治疗了一百多名病人的溃疡。这种溃疡由细菌感染引起，常规的抗生素对其无效，严重者只能通过切除手术来治疗。2002 年，她向世界卫生组织报告了这"绿色黏土"的神奇作用。世界卫生组织最初并没有重视，直到过了几年，科学家才发现了这种"绿色黏土"治疗溃疡的机理。科学家们对各种黏土进行进一步测试，发现有大概 10% 的具有一定的杀菌作用。有杀菌作用的黏土大多含有还原性的金属元素，尤其是二价铁。如果黏土被氧化了，其杀菌作用也会消失。而且黏土的大小也很关键，太粗的黏土杀菌效果差，其尺寸最好小于 0.1 微米，也就是 100 纳米。矿物杀菌作用比较复杂，主要是由于这些还原性的金属元素在伤口处和氧气反应生成自由基，而这些自由基具有很强的杀菌作用。

# 土壤是如何滋养植物的

我们每天的衣食住行，归根到底都是自然的馈赠。这馈赠大概一半是土里挖的，另一半是土里长的。土里挖的是值钱的矿藏，比如各种金属、石油和石材。土里长的就更厉害了，都是人类生存需要的基本物质，比如食物、饲料和棉花。因此，可以这么说，我们每一个人每一天的生活都依赖于土壤，据估计，地球陆地面积的 40% 被用来生产人类食物和动物饲料，其中 12% 为作物生产用地，25% 为草地。在日常生活中，许多人都没有感觉到土壤给予人类的馈赠是多么的贵重。

农业文明大约在公元前 9000 年开始，处在两河流域最南端的苏美尔人最早开始耕作。最早的农业是从作物的驯化开始。尽管农民都饱含着对土壤朴素的热爱，但是直到农业发展近一万年后，我们才对农业的根本——土壤，如何支撑植物生长有了科学的认识。

## 1 · 谁在滋养作物

早先，人们的朴素认识是，耕作就是"播种"加上"灌溉"，也就是说土壤的作用仅限于为植物生长提供物理支撑和水分供应。1761 年，瑞典农学家约翰·沃勒留斯（Johan Wallerius）提出土壤中一种物质叫"humus"——由碳氢氧氮组成的腐殖质——是植物营养的来源。这的确符合我们的观察，腐殖质是黑色的，而往往越黑的土壤越肥沃，植物生长得越好。植物吸收腐殖质后可以转化成其他组分，促进植物生长，这就是被称为土壤植物营养的腐殖质学说。

到了 19 世纪 20 年代，德国化学家卡尔·施普伦格尔（Carl Sprengel）提出不同意见。他认为土壤中有可溶性的化学元素，以盐分的形式存在。这些营养盐分为植物提供养料，而不是腐殖质。施普伦格尔在德国哥廷根大学获得化学博士和经济学博士学位，并留在大学任教。他首次在德国大学里开设了农业化学的课程，并开展了大量有关土壤和植物的化学分析。通过分析，他发现不像腐殖质学说所说，土壤可溶性成分中还有很多含碱金属离子（比如钙、镁离子）和酸根离子（主要有硝酸根、硫酸根和磷酸根）的盐。在1828年至1833年期间施普伦格尔连续在杂志上发表论文，为植物矿质营养学说的建立奠定了基础。尽管施普伦格尔发表了系列文章，但植物矿质营养学说并没有完全取代腐殖质学说。比施普伦格尔稍晚时期的德国化学家李比希极大地推动了植物矿质营养学说的发展。

李比希1803年出生在德国，1820年在波恩大学求学，1822年在埃尔兰根大学获得博士学位，二十二岁就被聘为吉森大学的化学教授。他是一位天才化学家，是公认的"有机化学之父"，其研究成果得到当时的科学大家洪堡的高度赞赏。1837年，李比希应美国科学促进会邀请做了有关有机化学和有机分析进展的报告，3年后（1840年）他出版了《有机化学在农业和生理学中的应用》，书中阐述了植物矿质营养学。这个报告的出版得到了学术界的广泛关注。

德国学术界普遍认为植物矿质营养学说的提出不仅是李比希的功劳，施普伦格尔博士也功不可没。1955年德国农业实验和研究站联盟设立施普伦格尔-李比希奖，用于表彰对农业发展有杰出贡献的学者。

在植物矿质营养学说孕育的同时，肥料工业也在悄然萌发。

在英格兰，一位实业家约翰·劳斯（John Lawes）在1843年开始了一项田间实验。当时的他可能也没有想到，这个实验会一直持续至今，可能还会一直持续下去。这个实验的地点是在英国伦敦北部哈彭登小镇的洛桑（Rothamsted）。这些田间实验的持续进行促使了著名的英国洛桑实验站的诞生。实验的开创者约翰·劳斯爵士出生在一个上流人士之家，从小喜欢化学。后来他继承了一个农场，开始爱上了农业。他拥有的过磷酸盐（一种磷肥）产业让他挣了不少钱。有钱、有地，再加上他自己的兴趣爱好，让他萌生了开展一系列的田间实验的想法。他想知道不同肥料（有机肥和由动植物灰分制成的无机肥）如何影响作物的生长。劳斯从一开始就聘请了从德国回来的专家——特别擅长分析化学的吉尔伯特（Joseph Gilbert）博士。吉尔伯特博士正是师从著名化学家李比希。劳斯和吉尔伯特的实验发现除磷肥外，硫酸铵肥料在增加作物（小麦）产量方面是必不可少的。这和之前李比希提出的植物所需氮素主要来自空气中的氮气相矛盾，但是洛桑实验的结果令人信服。尽管劳斯是通过他的磷肥产业获得的资金来支持田间实验，他和吉尔伯特博士的田间实验却明确地证实了氮肥的重要性。

是的，没有植物矿质营养学说的诞生，就没有支撑现代农业的化肥产业。农民在长期的农业生产实践中也积累了大量的施肥经验。早在秦汉时期，动物粪便、骨头、河泥等各种奇奇怪怪的东西就被用来作为农家肥。因为自然来源肥料有限，所以后来又出现了栽培绿肥。最先的绿肥出现在晋代的《广志》中，用的是苕子作绿肥，其中说到"苕草，色青黄、紫华，十二月稻下种之，蔓延殷盛，可以美田，叶可食"。苕子不是红薯，是一种野豌豆，这可能是我们第一次利用生物固氮作用来增加土壤的肥力。当然，那个时候的农民并不知道在土壤里施加氮肥可以增加产量。

洛桑实验站的约翰·劳斯的专长是利用动物骨骼来制作磷肥。其实骨肥一直是一种常用的农家肥。骨头里面含有大量的钙和磷，这些都是植物生长所必需的营养元素。此外，另外一种农家肥草木灰是很好的钾肥来源。所以，尽管不懂植物营养学说，但农民们一直都在寻找更好的肥料。

但直到现代，在廉价能源和科学技术发展的加持下，农业土壤中的植物才第一次得以"肥料管饱"了。

## 2·哪来多的氮肥？

随着人口的增长和土壤科学的发展，各地对无机肥料，特别是氮肥的需要量猛增。在氮肥刚被发现的时候，氮肥主要靠挖。当时氮肥主要的来源有两个，一个是智利的芒硝矿，一个来自鸟粪石。氮肥，也就是硝酸盐，也是制作炸药的基本原料。我们都知道制造火药有"一硝二硫三木炭"之说，这里的硝就是硝酸盐，也是高效的氮肥。但是一战期间战争对硝酸盐的需求很大，因此研究如何工业化生产含氮化合物成为各国的卡脖子难题。

19 世纪下半叶，物理化学的快速发展使人们认识到氮气和氢气作用生成氨的反应是可逆的，当反应体系的压力增加时，反应朝着生成氨的方向进行。德国化学家弗里兹·哈伯（Fritz Haber，1868—1934，1918 年诺贝尔化学奖）决心攻克这个难题。他经过了无数次的实验，摸索出在 600 摄氏度高温和 200 个大气压的条件下，再加上锇作为催化剂，能得到产率为 8% 的合成氨。1918 年诺贝尔化学奖授予哈伯，以表彰他"从氮气和氢气中合成氨"的贡献。

哈伯建立的合成氨技术一直到 1913 年才得以应用于大规模的工业化生产，因为规模化生产需要大尺度的反应器。1913 年前后德国另一位科学家卡尔·博施（Carl Bosch）发展了一套对压力和温度具有不同抗性的反应装置，这一装置的构建为规模化生产合成氨创造了条件。博施因此获得了 1931 年诺贝尔化学奖。

由于哈伯和博施在实现工业化合成氨上所做出的贡献，目前文献一般将这一方法命名为哈伯-博施过程（Haber-Bosch Process）。

从施普伦格尔博士首次提出植物矿质营养学之后的近两百年，化肥的产量从零开始飙升。2019 年，中国的磷肥产量为 1610 万吨，氮肥产量 6619 万吨，分摊到每个中国人身上，每年每人的化肥量基本上等于成年人自身体重。

所有的这些化肥施用后，第一站都将到达土壤。土壤会固定一部分，然后植物再吸收一部分，剩下的随着雨水或者灌溉水进入地下水或者地表水。氮磷不仅仅是农作物的养分，在地表水系统，如湖泊、水渠、河流、甚至海洋里，也生活着大量的水生植物，这些水生植物的生长也依赖水中氮磷的含量。农业的蓬勃发展，不仅带来丰富的食物，也给地表水系统的藻类等带来了养分，尤其是在炎热的夏天，这些藻类会快速生长，造成人见人厌的绿藻暴发。

　　化肥滥用带来的风险远不止夏天绿油油的河水和湖水。大量的硝酸盐会进入地下水，造成地下水的污染；可挥发的氨会进入大气，成为形成大气雾霾的"推手"；磷矿是一种不可再生资源，在不久的将来，主要用于生产磷肥的磷矿可能被耗竭，农业生产将变得无磷可用。

# 土壤与碳排放

土壤作为地球的皮肤，不仅直接感知气候变化，还可以影响气候变化。土壤和气候变化关系的直接纽带是温室气体。所谓温室气体就是指大气中能吸收地面反射的长波辐射，并重新发生辐射的一些气体，如水蒸气、二氧化碳、大部分制冷剂等。温室气体就像是给地球造了一个"温室大棚"，通过截留太阳辐射使地球表面变得更暖。没有了"温室大棚"地球也会像月球一样有极大的昼夜温差，给生命活动带来挑战。

通常人们将这些温室气体使地球变得更温暖的影响称为"温室效应"。最为重要的温室气体有四种：我们呼出来的二氧化碳（$CO_2$）和水汽，煤气灶上使用的气体——甲烷（$CH_4$），以及被用作麻醉剂的笑气——氧化亚氮（$N_2O$）。其中二氧化碳是量最大，最为常见的温室气体；尽管甲烷和氧化亚氮的量不大，但是它们产生温室效应的能力比二氧化碳大很多。下面我们用表 3.1 和图 3.11 来展示这三种温室气体的差别和特点。

表 3.1　联合国政府间气候变化专门委员会第六次评估报告
关于三种主要温室气体生命周期、辐射效率与全球变暖能力

| 气体名称 | 化学式 | 生命周期（年） | 大气中含量（2019年，百万分比浓度） | 辐射效率（瓦特每平方米每百万分比浓度） | 一百年全球暖化潜势 * |
|---|---|---|---|---|---|
| 二氧化碳 | $CO_2$ | >200 | 410 | 0.0133 | 1 |
| 甲烷 | $CH_4$ | 11.8 | 1.866 | 0.388 | 27.9 |
| 氧化亚氮 | $N_2O$ | 109 | 0.332 | 3.2 | 273 |

* 全球暖化潜势（Global Warming Potential，简称 GWP），亦作全球升温潜能值，是衡量温室气体对全球暖化影响的一种手段，是将特定温室气体和相同质量二氧化碳相比较，造成全球暖化的相对能力。二氧化碳的全球暖化潜势定义为 1。

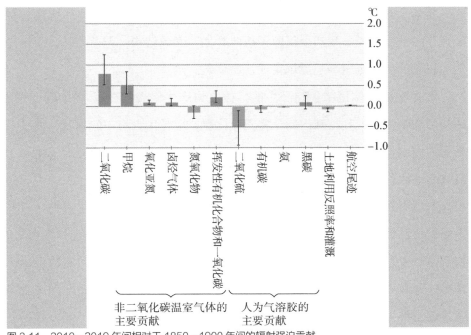

℃
2.0
1.5
1.0
0.5
0.0
-0.5
-1.0

二氧化碳
甲烷
氧化亚氮
卤烃气体
氮氧化物
挥发性有机化合物和一氧化碳
二氧化硫
有机碳
氨
黑碳
土地利用反照率和灌溉
航空尾迹

非二氧化碳温室气体的
主要贡献

人为气溶胶的
主要贡献

图 3.11　2010—2019 年间相对于 1850—1900 年间的辐射强迫贡献

　　针对大气，土壤，植被和海洋，目前比较公认的碳储量的数据如图 3.12 所示。

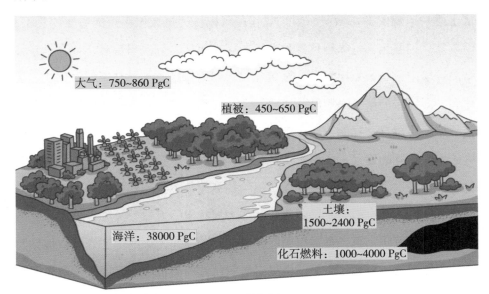

大气：750~860 PgC
植被：450~650 PgC
土壤：1500~2400 PgC
海洋：38000 PgC
化石燃料：1000~4000 PgC

图 3.12　地球系统碳储量组成（Pg 即 Petagram，千兆克）
　　　　（图片来源：杨顺华）

甲烷，作为一种重要的温室气体，拥有最简单的有机结构。它是一种烷烃，由一个碳原子和四个氢原子组成，呈四面体结构，无色无味。甲烷是高度易燃的，与氧气一起燃烧生成二氧化碳。

淤泥中的甲烷是微生物产生的。微生物产生甲烷的过程本质是产甲烷菌利用细胞内一系列特殊的酶，将二氧化碳或甲基化合物中的甲基，通过一系列的生物化学反应还原成甲烷。根据反应过程产甲烷菌可以分为三类：二氧化碳还原途径、乙酸途径和甲基营养途径。这三种途径对应了三种不同的用来制造甲烷的材料：二氧化碳还原途径是以氢气或甲酸作为主要的材料产生甲烷；乙酸途径是乙酸被裂解产生甲基基团和羧基基团，随后，羧基基团被氧化产生氢气用于还原甲基基团产生甲烷；甲基营养途径是以简单甲基化合物作为底物，以外界提供的氢气等还原甲基化合物中的甲基基团来产生甲烷。这三种途径的最后一步均由甲基－辅酶 M 还原酶（MCR）催化甲基还原以形成甲烷。甲基－辅酶 M 还原酶存在于所有已知的产甲烷菌中，但不存在于不产甲烷的古菌和细菌中。

土壤微生物不仅可以释放甲烷，还可以吸收甲烷，通过氧化甲烷来降低土壤中甲烷的净排放量。甲烷氧化菌可以认为是大气甲烷的重要生物汇。甲烷氧化主要包括好氧甲烷氧化和厌氧甲烷氧化。好氧甲烷氧化存在于各种有氧环境中，由好氧甲烷氧化菌催化，代谢途径基本都是从甲烷氧化成二氧化碳，即甲烷→甲醇→甲酸（甲醛等）→二氧化碳，其最终的效果和我们燃气炉燃烧甲烷是一样的。厌氧甲烷氧化是广泛存在于厌氧环境中由微生物介导的甲烷消耗的途径。厌氧甲烷氧化过程是在无氧条件下将甲烷氧化成二氧化碳，参与这类反应的微生物以厌氧甲烷氧化菌为主，根据最终电子受体的不同可分为三类：第一类是以硫酸盐作为最终电子受体，被称为硫酸盐还原型甲烷厌氧氧化；第二类是以硝酸盐或亚硝酸盐作为最终电子受体，被称为氮依赖型甲烷厌氧氧化；第三类是具有氧化性的高价态金属或类金属离子为电子受体的金属依赖型甲烷厌氧氧化。这个电子受体的作用就像是我们呼吸的氧气，可以氧化体内的碳氢化合物（比如摄入的淀粉和脂肪等），从而提供所需的能量。微生物通过氧化甲烷也可以获得生长所需的能量。尽管甲烷早就被人类发现，但是土壤中甲烷的产生和氧化依然存在着很多问题。随着这些问题一个个被回答，我们将拥有更加简单有效的方法去控制大气中的甲烷含量，从而减少气候变暖对人类社会的影响。

氧化亚氮（$N_2O$）是另一种具有强烈温室效应的气体。在百年尺度上氧化亚氮对气候变化的影响是二氧化碳（$CO_2$）的 273 倍。

自工业革命以来，大气中的氧化亚氮含量已经增加了 19% 左右，并且仍每年缓慢增长。根据 2021 年国际政府间气候变化专门委员会（IPCC）的报告，大气中的氧化亚氮年平均浓度约为 $3.32 \times 10^{-7}$，这意味着在十亿个空气分子中，有 332 个是氧化亚氮分子。土壤是大气中氧化亚氮的主要来源，占全球氧化亚氮来源的 56%~70%。据估算，每年从自然土壤中释放的氧化亚氮约为 500 万吨（以氮计）。而农业土壤施加大量化肥或有机肥后，土壤氧化亚氮释放量增至 600 万 ~700 万吨。根据联合国粮食及农业组织（FAO）估算，预计到 2030 年末，农业土壤释放的氧化亚氮可能会增加 35%~60%。这表明化肥的施用虽然提升了粮食产量，但同时也大大增加了温室气体的排放，加剧了全球变暖。

在土壤中，氧化亚氮的释放是复杂生态网共同作用的结果。土壤氧化亚氮释放也存在很明显的空间差异。通常认为，由土壤微生物催化完成的硝化作用和反硝化作用是氧化亚氮产生的主要途径，占土壤排放氧化亚氮的约70%。硝化作用是指在好氧条件下，由细菌或者古菌将铵根离子氧化成硝酸根离子的过程，包括了自养硝化和异养硝化过程。在酸性或者有机质含量较高的土壤中，异养硝化过程释放氧化亚氮的通量要高于自养硝化过程。反硝化作用是指在厌氧条件下，由细菌或者真菌将硝酸根离子逐步还原成氮气或氧化亚氮的过程。在硝化过程中，氧化亚氮是羟胺氧化等过程的副产物；而在反硝化过程中，氧化亚氮则为中间产物或者终产物。

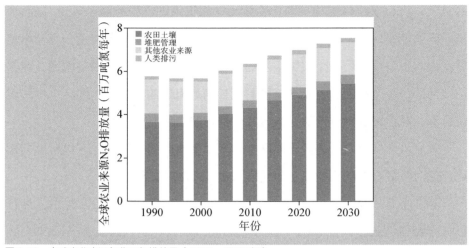

图 3.13　全球农业来源氧化亚氮排放量（1990—2030 年）
　　　　（图片来源：改自 Reay, 2012）

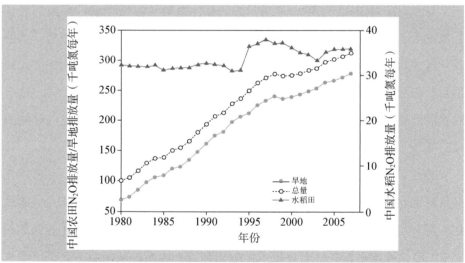

图 3.14　中国农田氧化亚氮排放量（1980—2007 年）
　　　　（图片来源：改自 Gao, 2011）

　　　　　　　　　　　　　　　　　　　　　第三章——土壤的功能

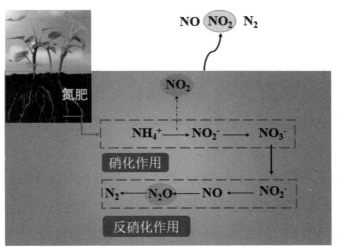

图 3.15 土壤硝化与反硝化作用过程

（通常认为，由土壤微生物催化完成的硝化作用和反硝化作用是氧化亚氮产生的主要途径，占土壤排放氧化亚氮的 70% 左右。）

近些年来，有研究指出土壤非生物反硝化途径也可以产生可观的氧化亚氮，其贡献占 6%~40%。残留在土壤中的铁元素可以在厌氧条件下，与活性氮物质（如硝化过程的羟胺、反硝化过程的一氧化氮和亚硝酸根离子等）发生催化反应，生成氧化亚氮。

# 土壤与碳吸收

土壤在一定程度上是一个大气温室气体的"稳压器"。基于科学管理，土壤被认为是一个巨大的吸气海绵，但是这个"稳压器"如果管理不恰当，就可能向大气大量释放温室气体。

科学界认为土壤是陆地上最大的碳库，比所有的森林加起来还要大。土壤碳库包括有机碳和无机碳两部分。如果按土层深度为 1 米计算，全球土壤的碳储量约在 25000 亿吨，当然这个估算是比较粗略的，不同的估算方法会有一定的变异。相比之下，大气中的碳储量大约为 8000 亿吨，植被中的碳储量为 6200 亿吨。可见土壤的碳储量对调节地球生态系统碳循环具有举足轻重的作用。

## 1 · 土壤固碳

现在让我们来看看土壤及其支撑的生态系统是如何将空气中的二氧化碳储存在土壤中的，即土壤的固碳作用。

植物通过光合作用将二氧化碳和水合成为碳水化合物。在植物的生长过程中，光合作用合成的碳水化合物被运输到地下，为植物的根系生长提供材料，同时根系分泌小分子有机物形成根际沉积并养活土壤微生物群落。植物固定的二氧化碳大部分用于"长个子"——成为植物的生物量；有一小部分用于自身新陈代谢，并通过呼吸作用释放二氧化碳，返回大气中。

植物帮助土壤固碳的主要途径其实并不是鲜活的枝叶，因为这些枝叶的固碳能力是有限的，在非生长季还会被降解，重新变成二氧化碳返回到大气中，即所谓的"一岁一枯荣"。土壤里植物死亡或老化的残体，如凋落物，才是植物固碳最重要的途径。植物新鲜的残体进入土壤需经历复杂的过程才会变成土壤相对稳定的有机碳。

土壤中的生物——微生物和动物，作为生态系统的分解者，它们可以"吃"新鲜的植物残体，然后以呼吸作用的形式向大气释放二氧化碳。在这个过程中一部分有机物慢慢转变成相对稳定的腐殖质。土壤生物的分解作用和气温直接相关，在热带亚热带地区分解快，有机质不易积累；在温带和寒带地区分解慢，容易形成腐殖质，土壤积累的有机碳也较多，就像我国东北广袤的黑土地。

准确评估土壤固碳潜力并不是一件容易的事情。科学家们利用采样分析和模型预测等多种手段研究土壤固碳潜力。中国科学院于贵瑞团队对我国土壤固碳能力做过较详细的分析和计算。他们的研究结果表明在21世纪10年代，中国土壤0~20厘米深度的有机碳储量约为340亿吨，约为0~100厘米深度有机碳储量的40.02%（0~100厘米的有机碳储量约为860亿吨）。综合我国森林、草地、农田和湿地的整体情况来看，1980—2019年间中国陆地生态系统土壤发挥着碳汇功能，其净固碳量30亿吨左右，固碳均值约为每年1亿吨，这个值约占2019年中国碳排放量（26.8亿吨）的3.7%。

中国科学院史学正的团队对农田土壤的固碳潜力有深入的分析，他们的结果显示1988—2018年间我国农田土壤基本发挥了碳汇的功能（每年每公顷固定0.14吨碳，Zhao et al., 2018, PNAS），结合2017年年末全国耕地面积（13486.32万公顷，《2017中国土地矿产海洋资源统计公报》，自然资源部），农田土壤固碳量约为每年每公顷0.188吨。周国逸等发现亚热带成熟森林土壤固碳每年每公顷0.61吨，方精云等在全国布设的永久样地调查发现成熟森林土壤固碳速率为每年每公顷0.127~0.9吨，如按其中值每年每公顷0.51吨并结合成熟森林面积（总森林面积21120万公顷的50%=10560万公顷），得到成熟森林土壤固碳约为每年0.54亿吨。非成熟森林土壤固碳速率按每年每公顷0.2吨计，结合非成熟森林面积（总森林面积21120万公顷的50%=10560万公顷）每年固碳0.21亿吨，因此森林土壤固碳约为每年0.75亿吨。此外，湿地也是重要的固碳场所，约为每年0.06亿吨碳。

图 3.17 显示了 1965 年以来中国二氧化碳年排放量，到 2019 年达到了 98.26 亿吨，相当于 9.826 Pg C。

中国土壤固碳潜力与历史上我国农田土壤有机碳偏低有关。20 世纪 80 年代，我国的第二次土壤普查估算了农田表层土壤有机碳的含量，基本处于每公顷在 26~32 吨碳之间。而同时期美国农田的平均值是 43.7 吨碳，欧洲农田的平均值是 40.2 吨碳。由于中国农田初始有机碳含量相对较低，而随着化肥施用，作物增产，作物残体进入土壤形成了新的有机碳，从而使得我国的农田土壤成为巨大的碳汇。

我们也不能太乐观地看待当前所获得的有关我国土壤有机碳固定的潜力，因为土壤固碳潜力并不是无限的。总的来说，有机碳的积累是生态系统光合作用潜力和微生物分解潜力的平衡，这个平衡点主要决定于区域性的水热条件，土壤的物理、化学和生物学性质以及地上－地下生物多样性的特征等。

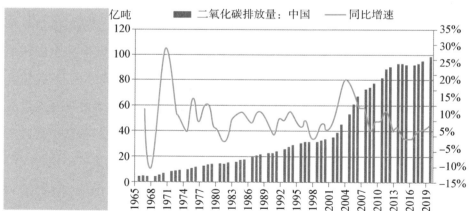

图 3.16　中国历年二氧化碳排放量及同比增速
　　　　（图片来源：wind，碳排放交易网）

同比增速：指本年数据与前一年数据相比较的增长幅度。同比增长率 =（本年数据 － 上年数据）/ 上年数据 ×100%。
如：2019 年中国二氧化碳排放量为 98.26 亿吨，2018 年这个值为 94.29 亿吨，2019 年同比增长率 =(98.26-94.29)/94.29×100%=4.21%

森林土壤有机碳受森林经营活动强烈影响。造林虽然显著增加地上部分生物量，在初期起到快速固碳效果，但造林一般会降低土壤有机碳含量。新造林后，土壤有机碳先经历一个下降过程，在到达一个低位平衡点后，土壤有机碳开始上升。这以后土壤有机碳变化趋势取决于森林经营的方向，如果经营方向是生态公益林，则由于没有人为干扰，在自然演替的驱动下，林中的物种构成会越来越多样化，生物多样性上升，植物群落碳（C）：氮（N）化学计量发生改变，碳氮比下降，驱动土壤有机碳积累的速度上升，这个趋势可以保持很长时间，可能远远长于生态系统快速演替的几十年到数百年的时间尺度。相反，如果经营方向是人工用材林，则由于要保证目的树种生长，不可避免地要人工剔除非目的树种，生物多样性不会上升，植物群落碳（C）：氮（N）化学计量比不会发生改变，碳氮比稳定甚至上升，导致土壤有机碳不会显著变化，也有可能缓慢增加。

土壤有机碳含量上限决定了土壤固碳的空间有多大。土壤有机碳含量上限似乎并不受地域限制，植被能生长的地方既能找到土壤有机碳含量很高的生态系统，也有含量很低的。

总而言之，土壤作为有机碳存储的一个去向，具有足够的存储空间容纳所有大气二氧化碳的能力，其关键在于土壤有机碳的积累速率。它决定了土壤能在多大程度上及时吸收人类排放的温室气体。除造林及砍伐森林的短期内，森林土壤可能是碳源外，其他时期可以肯定是碳汇。那么，森林土壤的固碳速率随森林的存在有什么一般变化规律呢？大量的研究观测表明，成熟森林土壤有机碳的积累速率是显著高于非成熟森林的，如：周国逸等发现顶级地带性森林土壤有机碳积累速率远高于演替阶段的森林土壤有机碳积累速率，分别为每年每公顷 0.61 吨和 0.193 吨。方精云等认为如果中国森林土壤有机碳积累的速率都能达到中国成熟森林土壤的水平，则森林土壤有机碳积累速率将是目前的 3 倍以上。

## 2·土壤微生物的固碳作用

陆地生态系统除植物可以利用光合作用来增加碳储量外，微生物在固碳中也发挥着积极的作用。

二氧化碳的微生物固定也称碳素同化，指微生物吸收二氧化碳转化成为自身细胞物质的过程。固定二氧化碳的自养微生物依据能源获得途径不同可分为两类：光能自养微生物和化能自养微生物。在自养生物中，二氧化碳是唯一碳源，自养微生物利用从环境中获得的二氧化碳合成糖并重新生成该受体。在进化过程中，自养微生物发展出多种的二氧化碳同化途径。至今已发现的固碳途径有5条，即卡尔文循环、还原性三羧酸循环、还原性乙酰辅酶A途径、3-羟基丙酸盐／苹果酰-辅酶A循环和4-羟基丁酸盐循环。

卡尔文循环是第一个被发现的自养生物固碳途径，也是最主要的途径。它在植物、藻类和光能或化能自养型微生物中都广泛存在。这一循环途径中的一个关键酶叫核酮糖-1,5-二磷酸羧化酶／加氧酶（Rubisco），该酶常作为一个标志物用于各类环境中的自养微生物生态学研究。这个酶可以说是地球上分布最为广泛的酶，并支撑了地球的绿色空间。

第二个被发现的途径是还原性三羧酸循环。这一循环途径正好是三羧酸循环的逆向反应，其最早在一些微好氧和厌氧微生物中发现。第三种途径是还原性乙酰辅酶A途径，它被认为是五种途径中最古老的一种，只存在于严格厌氧的细菌或古菌中。第四个途径是3-羟基丙酸盐／苹果酰-辅酶A循环，最早发现于绿屈挠菌属中一类绿色非硫代谢细菌中。最新被发现的是4-羟基丁酸盐循环，已经被证实存在于泉古菌门中部分微生物中。

## 3·土壤微生物"碳泵"

植物残体进入土壤后变成土壤腐殖质的这一个过程，是由土壤微生物驱动的。土壤中的微生物先是"挑肥拣瘦"地分解这些外来食物，不好消化的植物残体混入土壤中这些相对难分解的"被微生物不断使用过的物质"（即腐殖质）就成了土壤有机碳的主要来源。

2017 年，中国科学院和美国的科学家合作提出了"土壤微生物碳泵"（Soil Microbial Carbon Pump，简称土壤 MCP）概念体系，以土壤微生物代谢控制为核心，既囊括了微生物对植物源碳积累的调控过程，也聚焦了微生物源碳生成、积累及其对土壤碳库贡献的过程，并将后者抽象成了"泵"的概念，形象地描绘出微生物在外源有机碳转化和土壤碳库形成中所发挥的作用。

当土壤中输入易被取食的外源植物组分时，比如地上的枯枝落叶和地下的根系分泌物，土壤微生物就会尽情享用这场"饕餮盛宴"，通过同化代谢将外源的物质和能量储存在自己体内，在活着的时候向土壤"排放"自身的代谢产物，在死亡之后，微生物富含碳源的躯体"埋"入土壤，成为土壤有机质的一部分，这一现象也被称为土壤微生物死亡残留物的"续埋效应"。就这样，经过一代又一代微生物的取食同化，越来越多的外源植物组分经过微生物体内的合成代谢（微生物细胞工厂），转化成了微生物源有机质，被源源不断地"泵"入土壤，通过"续埋效应"为土壤碳库的"建设大业"贡献力量。上述以微生物群落生长－死亡迭代过程为驱动力，持续生成稳定有机质的过程即为"土壤微生物碳泵"过程。

微生物直接"吃"其他有机物，然后形成微生物源有机碳的过程，也被称作微生物的"体内周转"途径。当有不容易被取食的外源植物组分输入土壤中时，土壤微生物就会分泌胞外酶到土壤中来帮助分解外源底物。土壤微生物通过分泌胞外酶分解外源大分子有机底物的过程，也被称作微生物对外源底物的"体外修饰"途径。土壤微生物的"体内周转"与"体外修饰"途径，以及通过"体内周转"途径来驱动土壤 MCP 及其产物的"续埋效应"，共同构成了土壤 MCP 的体系。

## 4 · 土壤无机碳

除有机碳外，土壤还有大量的无机碳，主要以碳酸盐的形式存在（如碳酸钙等），还包括土壤中气态的二氧化碳以及土壤溶液中的碳酸根和碳酸氢根离子。据估计，全球土壤的无机碳储量大约为 9400 亿吨（1 米深度），干旱和半干旱地区土壤的无机碳含量较高。无机碳通常较稳定且更新周期长，主要受到土壤酸度的影响。

土壤无机碳实际是一个以二氧化碳为主导的酸碱平衡体系。在土壤酸化条件下，碳酸钙会溶解，释放二氧化碳，土壤成为大气中二氧化碳的重要来源。由于氮肥的大量甚至是过量使用导致土壤酸化现象较为普遍。中国农业大学的科研团队通过比较 20 世纪 80 年代第二次土壤普查数据和 21 世纪初的数据，发现在全国范围内，农田土壤 pH 值平均下降了 0.5 个单位。归因分析显示大量施用氮肥是主要原因。

近期，中国科学院张甘霖研究团队以 2010 年前后的中国土壤数据库为基础，整合了全国第二次土壤普查（1980 年）以及文献报道的数据（2000 年），从而建立了跨越 30 年的中国土壤无机碳时空变化的数据集。分析显示，1980—2010 年间我国农田无机碳的总损失量达 13.7 亿吨，相当于农田有机碳固碳增量的 57%。一些模型研究进一步推测，如果按目前的氮肥施用水平，到 2100 年，我国大约 40% 的农田无机碳将丢失殆尽。

根据土壤无机碳固定的化学原理，最近科学界提出利用富含钙镁的硅酸盐通过碾磨制成土壤改良剂，利用硅酸盐的风化游离出来的钙镁离子和碳酸根形成碳酸盐沉淀，从而达到从大气中捕获二氧化碳的目的。这种方法被称作硅酸盐加速风化技术。

2020 年英国谢菲尔德大学和利兹大学领衔的科研团队在《自然》上发表了一项模型研究，他们从技术经济的角度开展了该技术的可行性评估。以中国、印度、美国和巴西（2050 年的情景）的农田土壤作为研究对象，他们的评估表明，这项技术有望实现每年捕获 5 亿 ~20 亿吨二氧化碳，其成本为每吨 80~180 美元。2021 年一个国际团队开展类似的分析，但是面向全球自然生态系统，他们的结论与全球农田的估算差不多。

该技术除固定二氧化碳之外，还可以有效改善酸性土壤，为土壤补充钙镁等矿质元素，提高土壤肥力，预计可以有效增加植物生产力。而改善植物生长条件本身有利于提高生态系统的碳固定能力。酸化土壤的治理也将显著降低重金属在土壤中的生物有效性，因此，可以预见，硅酸盐加速风化技术对于污染土壤的修复和安全利用具有潜在价值。由此可见，该技术具有多重功效，其应用价值是高于目前仅以二氧化碳捕获为目标的估算。尽管如此，目前关于该技术的实际应用还不多，未来需要开展系统性的田间实验，形成标准化的操作规程。

干旱、半干旱地区的土壤由于降水少，其中存在大量以碳酸钙为主的无机碳，钙积层的发育也很广泛。但碳酸盐的累积或钙积层的形成是一个十分缓慢的过程，这个无机碳库基本是一个"死库"，对现代碳循环的贡献可以忽略不计。随后，尽管还有研究试图精确量化全球或区域尺度的土壤无机碳库，但均无法将其与碳汇联系起来。然而，随着研究手段与技术的发展，最近人们在墨西哥、美国、中国荒漠区均实地观测到了很大的碳吸收。这么大的碳通量很难由荒漠区微弱的生命过程（特别是光合作用）来解释。这时土壤无机碳重新进入人们的视野，并被作为潜在碳汇进行研究。

经历了漫长曲折的艰难探索，人们发现：

在盐碱性荒漠区土壤中的确存在一个二氧化碳日出夜进的"无机呼吸"过程。当该地土壤生物过程微弱时，"无机呼吸"可以主导土 - 气界面碳交换并在夜间形成"负呼吸"。在无植被、无结皮覆盖的塔克拉玛干沙漠腹地，这种"无机呼吸"也存在，它是一个二氧化碳进出平衡的过程。最新的研究还发现这个过程也发生在北极寒漠地区，并可主导当地的地 - 气界面碳交换。换言之，在土壤生命过程微弱的地方，土壤 - 大气之间的碳交换有非生命过程的显著贡献，不能仅以传统土壤呼吸来定义或理解该过程。

干旱区盐碱土改良中的洗盐过程同时洗去土壤中的可溶性无机碳，并进入沙漠下的地下咸水层而形成碳汇。鉴于沙漠下咸水层被厚厚的黄沙覆盖，进入之后可能不再溢出，该碳汇几乎是一个单向过程：一旦进入就成了地质结构中的一部分。

总之，迄今为止的研究并未发现土壤中的无机碳可以被激活，但其中占比达 20% 的溶解性无机碳很活跃，是现代碳循环中的一个重要环节。然而，无机碳研究的曲折历程也给我们一些有益的启示。如果观测到看似不合理的数据，不要轻易否定或将其归结为测量误差。即使科学发展到今天，自然界中依然存在着很多没有充分认知的过程，尤其在极端环境中。一时、一地观测或实验得到的结论，往往受制于当时、当地的技术手段与环境条件。技术的发展与学科的交叉融合，往往会对已有明确结论的"老问题"产生新的认识：无论这些结论在当时、当地看起来是多么的无可辩驳。干旱和半干旱地区生态系统的无机碳固定过去是一个被忽视的陆地生态系统的碳库，然而目前对于沙漠生态系统固碳机制、无机碳稳定性及其动态规律的认识仍相当有限。地球陆地面积的 35% 左右为干旱和半干旱地区，如何强化该区域的无机碳的固定值得进一步研究。

# 脚下的生物多样性

参天大树，鲜花绿草，飞禽走兽和游鱼潜虾，这些肉眼可见的生物多样性是人类赖以生存和发展的基础，生物多样性的丧失直接影响人类的健康和福祉。但这些并不是全部的生物多样性，在我们脚底下看不见的地方，也生活着众多的生物。

事实上，土壤是地球上生物多样性最丰富的地方。土壤里蕴含着丰富而充满活力的生物，担负着地球生态系统物质的循环，它们承担了枯枝落叶的分解、有机质的形成、营养元素的循环和污染物质的降解等重任。此外，土壤生物还可以塑造土壤的物理结构，改善其通气性和透水性。

土壤生物多样性是指地下生物的种类，包括基因、物种和其所形成的群落，以及它们相互依存的复杂生态网。陆地生态系统大约有 40% 的物种在其生命周期中直接和土壤相关联。土壤生物不仅包括细菌、真菌、古菌、原生动物，还有很多真核生物，如线虫、蚯蚓、蚂蚁和白蚁等。

土壤结构复杂的多相体系（固、液和气），给生物营造了不同空间尺度的微生境，可供小到几个微米、大到几十个厘米的不同尺寸生物在土壤里繁衍生息。

土壤微生物是土壤最重要的居民。其包括土壤中的病毒、细菌、古菌和真菌（个体大小为 20 纳米 ~10 米的生物）以及原生生物（个体大小一般为 10~100 微米，上限为 2 毫米）。土壤中微生物数量是惊人的，通常 10 克土里面细菌的数量可能超过地球上所有人口的数量。

土壤中动物种类繁多，按个体大小可以分成微型动物（小于 100 微米），如线虫，和微生物相似，线虫主要生活在含水的土壤孔隙和土壤颗粒的水膜里面。中型动物（0.1~2 毫米），如螨虫、线蚓、跳虫和昆虫的幼虫等，它们通常生活在充满气体的土壤孔隙中，个体虽小但对于土壤微团聚体的形成有不可或缺作用。大型动物（2~20 毫米）主要指土壤中的无脊椎动物，如蚯蚓、蚂蚁、白蚁、甲壳虫和昆虫幼虫等。大型动物中有枯枝落叶的分解者，捕食者和食草性动物。有些大型动物，如蚯蚓通过其自身在土壤中的运动提升土壤的透气性和透水性，为其他生物营造良好的生活环境。巨型动物（个体大于 20 毫米）主要指一些脊椎动物，如鼹鼠。大型和巨型动物的粪便是养育微生物的热区。

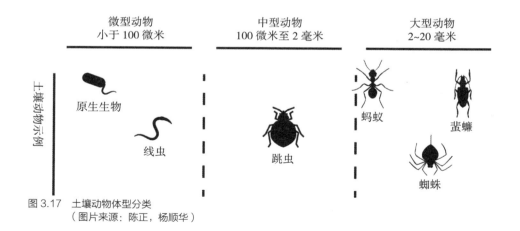

图 3.17　土壤动物体型分类
　　　　　（图片来源：陈正，杨顺华）

　　　　　　　　　　　　　　　　　　　　第三章——土壤的功能

**知识卡片**

地球的年龄大概是 46 亿年，但是生命什么时候在地球上出现，没有确定的结论。关于地球上最早生命迹象的研究一直在继续，根据最早的沉积岩微生物化石的记录，目前比较公认的最早生命出现在大约 35 亿年前。当然也有一些间接的证据，比如根据锆石的证据推测大约 41 亿年前就有碳的生物固定。

根据化石记录、地质年代学和基于基因序列的分子钟等手段，科学家构建了地球上生物演化历史的生命之树（tree of life）以及不同生物出现和灭亡的时间表（timetable of evolution）。生命之树从达尔文的时候就开始构思。达尔文在提出进化论的同时，描绘了基于物种表型的生命之树。1977 年，美国科学家卡尔·乌斯（Carl Woese）致力于建立现代版本的系统发育树，他发现了古菌，提出了古菌域，将地球生物分为细菌域、古菌域、真核生物域。随着现代基因组学的发展，地球生命之树不断在更新、细化和修正。

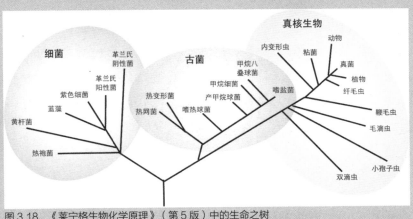

图 3.18 《莱宁格生物化学原理》（第 5 版）中的生命之树

生命出现的基本特征是对能量的主动利用。最早期的一些猜想是原始生物利用火山喷发带来的硫化物作为能量来源，但是缺乏微生物能量代谢相关生物化学的证据。利用现代微生物基因组测序的成果结合生物化学机制的逻辑推演，早期的生命很可能是利用地球化学成因的氢气作为能量来源来支撑生命活动。通过原核微生物基因组和所表达的蛋白质的系统研究，科学家对地球共同祖先（Last Universal Common Ancestor, LUCA）生理和生境有了新的认识。共同祖先在厌氧环境和嗜热环境下利用氢气的能量固定二氧化碳和氮气。这些分析也预示生命早期就存在产乙酸和产甲烷的相关基因。综合化石和地质年代学等的记录，可以推断地球共同祖先是自养型微生物，起源于地球大洋深部的热液口。

　　生命一旦存在就开始演化，演化是为了适应环境的变化，同时生物演化也在不断改变着地球环境的状态，因此可以说生命和地球是通过共同演化发展到今天的状态。生命的价值在于延续，也就是要实现遗传基因的延续。

　　演化是为了更好地延续生命。演化的第一推动力是能量和营养元素来源的多样性，从而使生物演化出能量代谢和元素吸收的新机制。演化的第二个推动力是环境变化。生物为了适应环境的变化，必须演化出新的机制来应对。地球演化的一个里程碑是大氧化事件（Great Oxygenation Event，GOE），大约发生在 24 亿年前，在这之前地球处于厌氧环境，这之后大气中氧气浓度逐步上升。大氧化事件之后物种演化加快，出现了生命大爆发。如今地球已经进入人类世，人类活动对地球的改变将深刻改变生命进化的走向，包括如何应对地球环境中越来越多的人工化学品以及生态系统的破碎化等挑战。

# 土壤生态系统的"工程师"

## 土壤里的蚂蚁与白蚁

蚂蚁和白蚁是常见的土壤动物，公园里、马路边甚至自己的家中，都可能见到蚂蚁或白蚁。在土壤科学家眼里，蚂蚁和白蚁参与有机物分解、增加土壤透气透水性并调节土壤元素的生物地球化学循环，因此他们亲切地称之为土壤生态系统的"工程师"。蚂蚁和白蚁都属于社会性动物，在陆地生态系统中具有很高的生物量并且占据着表层土壤界面的许多生态位，被视为最成功的社会性动物之一。

蚂蚁和白蚁同属于节肢动物门昆虫纲，但蚂蚁属于膜翅目，蚁科；白蚁属于蜚蠊目，白蚁科，故白蚁在生物分类体系中更接近蜚蠊，而非蚂蚁。蚂蚁和白蚁生态分布十分广泛，共同分布于热带、亚热带及温带，而热带作为分布的核心气候带聚集了最高丰度的物种数量。蚂蚁和白蚁的种类仅占据已知 100 多万种昆虫的 2%，但是从生物量来算，它们却占据昆虫总生物量的一半以上。白蚁的全球总生物量（以干重，也就是含碳质量计算）达到 5000 万吨，蚂蚁的全球总生物量达到 7000 万吨，相较之下剩余节肢动物的全球生物量为 8000 万吨。在亚马孙雨林里，每公顷的土壤承载了 860 万只蚂蚁。在日本草原上，每公顷土壤藏着 113 万只石狩红蚁；在越南吉仙国家公园发现的白蚁穴中白蚁数量约达到 250 万只。

蚂蚁及白蚁在筑巢过程中对土壤颗粒的搬移及翻动被归类于土壤生物扰动。蚂蚁在筑巢过程中，每年的土壤扰动量约为每公顷 1~5 吨，甚至可达到每公顷 5~50 吨；白蚁的年土壤扰动量仅计算地上堆状巢穴部分即可达到每公顷 1~11 吨。

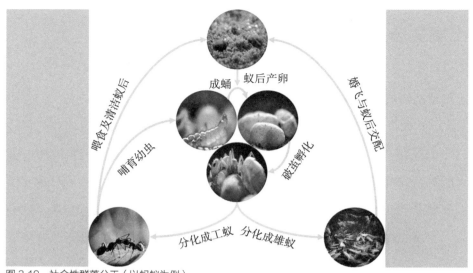

图 3.19　社会性群落分工（以蚂蚁为例）
　　　　（图片来源：陈正，杨顺华）

　　蚂蚁和白蚁对土壤的扰动类似于犁地，可以带来如下好处：减少土壤板结；增加土壤孔隙度；促进土壤曝气；提高包括持水能力、渗水能力在内的土壤水力特性。除了对土壤物理特性的影响，蚂蚁和白蚁的活动同样对土壤具有化学、生物特性方面的影响。蚂蚁和白蚁作为社会性大型土壤动物能够通过进食、排泄、刺激微生物活动等途径影响土壤有机碳及养分循环。蚂蚁作为生态系统中的"清道夫"，在无脊椎动物残骸的分解过程中起着重要作用。例如，在热带雨林中，高达 61% 的无脊椎动物残骸由蚂蚁分解。相较于蚂蚁，白蚁的食物来源可以分为木材、粪便、真菌及植物四大类。在尼日利亚的几内亚稀树草原，白蚁可以负责分解年落木量的 60%，年落叶量的 3%。蚂蚁和白蚁在分解有机物、选择性刺激微生物活动增加土壤有机质含量的同时，土壤扰动作用促进土壤重排也进一步扩大了土壤养分的扩散及均质化。相较于使用传统的物理及化学参数指示土壤健康程度，近年来土壤生物多样性也被视为土壤健康的新指标。蚂蚁作为中心觅食者，其在巢穴中积累的植物凋落物增加了土壤肥力，同时也促进了土壤细菌的多样性，导致独特的土壤微生物群落结构。

蚂蚁和白蚁还能促进植物的生长。它们不仅能增加土壤养分，优化土壤性质，促进种子空间分布、授粉，还能帮助植物抵御食草性昆虫啃食。

蚂蚁与植物之间的共赢机制可以影响植物种子的分布及发芽。以切叶蚁亚科的盘腹蚁属（*Aphaenogaster*）为例，其将运输回巢穴喂养幼虫后的种子堆放于蚁穴外具有高养分的"垃圾堆"中，进而促进了种子萌发。蚂蚁还是重要的种子传播者，其促进全球 4.5% 被子植物的种子传播。

植物反过来也为蚂蚁提供服务。最常见的是植物为蚜虫提供美味的汁液，而蚜虫通过分泌高含糖类物质吸引蚂蚁，而吸引来的蚂蚁会成为植物的卫士，帮助植物抵御食植类昆虫的啃食。有趣的是，一些无法分泌花蜜的茄科植物在被昆虫啃咬后，伤口会分泌含糖物质吸引蚂蚁，借助蚂蚁的力量驱赶来吃草的昆虫。同时，蚂蚁也具有在植物的茎等组织中潜伏以捕食食植类昆虫的现象，也就是使用植物的茎作为捕食昆虫的陷阱。有些植物和特殊蚂蚁还结成牢固的同盟关系，在亚马孙雨林中，一种蚂蚁甚至会通过分泌毒素，毒害除宿主植物以外的所有植物，以确保宿主能大规模生长来提供足够的定植空间。

跟蚂蚁相比，白蚁更喜欢高纤维素的食物，比如木头。纤维素是一种十分稳定的有机物，白蚁消化纤维素需要借助其体内特殊的微生物，而这些微生物会产生甲烷、二氧化碳等温室气体。蚂蚁的蚁穴中也可以产生甲烷、氧化亚氮等温室气体，因此蚂蚁和白蚁在全球温室气体控制中的作用不可忽视。

蚂蚁和白蚁对人类社会的另一大贡献，是大大促进了仿生学的发展。以白蚁为例，白蚁具有产生及感知电场、磁场的能力。暗黄大白蚁（*Macrotermes gilvus*）在筑巢时使用磁场指引方向，该特性在电场及磁场研究中被用作参考对象。此外，白蚁在筑巢时会根据阳光照射情况、风向等参数设置巢穴建造角度，并设计合理的巢穴内通道促进巢穴内温度、湿度平衡及气体交换。目前，根据蚂蚁及白蚁巢穴而进行的仿生学设计的典型建筑是津巴布韦的东门购物中心以及澳大利亚的议会中心，其仿生学核心为促进建筑内的自然对流及日间辐射冷却以降低日常能耗。此外，蚂蚁作为典型且成功的社会性群居动物，其群落内信息传递及协作方式被广泛用于计算算法优化的参考对象。

蚂蚁虽小，但其数目众多，经常能群策群力建造出自然的奇观。大部分的蚂蚁活动在地下1米左右，但目前检测到的最深的蚂蚁活动距离是得克萨斯州发现的得州芭切叶蚁（*Atta texana*），其活动深度达到地下32米，巢穴中心腔室甚至可以容纳一名成年男性。蚂蚁和白蚁的巢穴都是具有完整分工的腔室结构，分别用于储存食物、哺育幼虫、存放巢穴内的垃圾等。目前报道过的位于巴西的一个蚁穴占地500平方米，深度达到地下8米。该蚁穴估计花费了10年时间建造，其间蚂蚁搬运了合计约40吨土壤。

图 3.20　蚂蚁搬运重物
　　（图片取自免商业版权图片网站 Unsplash，摄影师 Vlad Tchompalov）

　　　　　　　　　　　　　　　　　　　第三章——土壤的功能

蚂蚁经常需要长距离搬运重物，因此还演化出来特殊的跗骨和颈部关节结构。蚁中大力士阿兹特克蚁甚至可以搬运自身质量 5700 倍的叶子，相当于一个成年人搬起将近 300 吨的重物，目前男子举重的极限还不到半吨。

# 土壤中的"江湖风云录"

俗话说得好"一方水土养一方人",同样的,一方水土也养一方动植物。不同地域环境分布有各自特色的土壤、气候和地形,而这些环境要素又拥有与之共同演化形成的植物。早在战国后期约公元前3世纪的《晏子春秋·内篇杂下》中就有这样的记载:"橘生淮南则为橘,生于淮北则为枳,叶徒相似,其实味不同。所以然者何?水土异也。"也就是说由于气候、土壤条件的变化,橘树生长在淮北就成了枳树。

这说明除了温度、湿度和光照等气候要素,土壤性质对植物的地理分布和优势物种形成也是至关重要的。土壤性质可以在植物长期进化过程中作为选择压力而促使新物种的形成。

土壤中既有生存能力超强且独立自主的植物,也有互帮互助的典型,还有干掉敌人的"杀手"。下面以几个少为人知的故事为大家展示多姿多彩的土中"江湖世界"。

## 1·智抗盐害的"高手"——红树植物

盐是动物所必需的,但是土壤并不喜欢盐。含盐过多的土壤被叫作盐碱地,植物很难存活。但是有一些能够很好地在盐碱土上生长的盐生植物,其中最典型的是红树植物。

红树植物是广泛生长在热带海洋潮间带的木本植物,而由红树植物构成的树林,就叫作红树林。红树植物最突出的特征是根系发达,能在海水中生长。由于海水环境条件特殊,红树植物演化出一系列特殊的生态和生理特征。为了防止海浪冲击,红树植物的主干一般不会无限增长,而从枝干上长出多数支持根,扎入泥滩里以保持植株的稳定。与此同时,从根部长出许多指状的气生根露出于海滩地面，在退潮时甚至潮水淹没时用以通气，故称呼吸根。在生理方面，红树植物还具有泌盐机制，它可通过茎、叶表面密布的分泌腺（盐腺），把所吸收的过量盐分排出体外，这个过程被称为泌盐作用。

在陆地与海洋交界带，红树林像母亲庇护孩子一样，维持了一个食物链复杂的高生产力系统，在净化海水、防风消浪、固碳储碳、维护生物多样性等方面发挥着重要作用，有着"海岸卫士""海洋绿肺"等美誉，也是珍稀濒危水禽重要栖息地，鱼、虾、蟹、贝类的生长繁殖场所。中国红树植物主要分布在广东、广西、海南、福建、浙江等省和自治区。我国沿海地区每年都会遭遇台风巨浪，是红树林保护了我们的海岸线。曾经因为红树林占据滩涂，大量的红树林分布区被开发。但当地居民很快发现，没有了红树林的保护，台风海浪对陆地的侵蚀非常厉害。2019 年，海南省首次制定了《海南省加强红树林保护修复实施方案》，旨在 2025 年前新增 2000 公顷红树林。

## 2·深根挖水的"能手"——牧豆树

每一个生命都不能离开水。沙漠里很难找到水，但是生长在沙漠中的豆科灌木牧豆树（*Prosopis juliflora*），可以将其根系向土层伸展 50 米——相当于 20 层楼高，以吸收到深层土壤中的水分。

作为一种深根性植物，牧豆树极耐干旱，在缺水的沙漠环境中具有很强的适应性。在自然环境中，植物根系的生长往往超过地上部分，因此植物的地上部分仅仅代表了植物的"冰山一角"。即使一年生植物的根系一般也可在土壤中向下伸展 0.1~2.0 米，侧根扩展 0.3~1.0 米。比如黑麦草，作为一种优良的牧草，它生长 16 周，根系的长度可达 500 千米，表面积达 200 平方米，如果算上根毛，表面积还能再增加 300 平方米。单株黑麦草根系的

图 3.21　沙丘上的牧豆树
　　　　（图片来源：视觉中国）

表面积与一个职业篮球场一样大。植物强大的根系对于其适应贫瘠和干旱的土壤环境是至关重要的。

### 3·近邻互惠的"帮手"——间作套种

　　俗话说：树挪死，人挪活。但其实，植物也并不喜欢长期在同一块土地上岁岁枯荣。为解决作物单作减产的问题，在长期实践中发展出来的间作套种，在中国已有2000多年的悠久历史。间作套种在热带和亚热带地区应用广泛，特别是在人口众多而资源有限的国家和地区的农业生产中尤为广泛。

所谓间作套种是指在同一块地里呈行或呈带状间隔种植两种或两种以上生长期相同或相近的作物，能在时间和空间上实现集约化种植的一种高效的栽培方式。我国华北地区重要的油料作物——花生，在北方的石灰性土壤上单作时由于土壤中铁的有效性低而常常发生缺铁黄化现象，使得花生高产稳产受到限制。但是，玉米、花生间作能明显减轻花生的缺铁黄化现象，这是因为缺铁胁迫下，玉米根系能够合成并释放出一类叫作麦根酸类铁载体的非蛋白质氨基酸，可有效活化根际土壤中的难溶性铁，而且玉米、花生间作套种时可促进玉米根系合成铁载体，这样不仅可以满足玉米自身对铁营养的需要，同时也为间作套种的花生提供了有效的铁源，从而减轻了花生的缺铁黄化程度，这充分反映了我国传统间作套种体系中不同物种间存在互惠互利的作用机制。

作物间作套种的案例很多，我们再举一个不同作物间作套种产生互惠互利的例子。在低磷砂质土壤上的田间实验发现，与单作玉米或蚕豆比较，玉米与蚕豆间作套种时的平均产量分别提高 43% 和 26%，说明了玉米、蚕豆间作套种也具有显著的互惠作用。这种互惠机制不仅体现在两种作物根系在占据土壤空间的互补性上，而且由于蚕豆根系和玉米根系相比，能够释放更多的有机酸，有利于难溶性无机磷的活化，从而促进蚕豆和玉米对磷的吸收利用，有利于提高缺磷土壤的作物生产力。

### 4·干掉土著植物的"杀手"——矢车菊

土壤虽然含有植物生长所需的各种矿质元素，但是并不会轻易给植物。于是植物生长过程中，可通过根系的不同部位向生长基质（土壤、水体）中释放出一组种类繁多的物质，这些物质就叫根系分泌物。根系分泌物可以活化土壤中难溶性养分（如铁、磷等）。此外，这些分泌物还有其他重要作用。

植物根系还会释放出一些有毒的化感物质（allelochemicals），对同种植物或异种植物产生毒害效应。例如，黄瓜是一种广泛种植的蔬菜作物，当黄瓜连续种植时，其生长受到抑制并造成大幅度减产，这主要是由于黄瓜根系分泌出了苯甲酸、对羟苯甲酸、2,5- 二羟基苯甲酸等 10 种具有生物毒性的酚酸类物质，从而抑制了下茬黄瓜的生长发育，这就是所谓的连作障碍。

事物都有两面性，俗话说"水能载舟亦能覆舟"，关键是如何把控，让它发挥好的作用。众所周知，细羊茅草（*Festuca spp.*）由于具有胜过其他植物的超强的抗病、抗逆能力，通常用于道路绿化和牧场等设施以保持水土。非常有意思的是，细羊茅草根系可向根际释放出大量的间酪氨酸（ m-tyrosine ），这种非蛋白氨基酸具有广谱植物毒素的功能。间酪氨酸植物毒性明显大于其结构异构体邻酪氨酸( o-tyrosine )和对酪氨酸( p-tyrosine )，根系分泌的低浓度间酪氨酸就能显著抑制其他植物的根系生长，进而取代邻近的其他植物。鉴于公众对使用化学合成除草剂的日益关注，新型、安全、无污染的杂草控制方法被迫切需要。因此，合理利用间酪氨酸这样一种天然产生的植物毒素，有助于建立更加高效和更加环保的杂草管理系统。

正如我们前面讲的，根系分泌物具有提高土壤养分有效性、化感作用等生态学意义，同时对植物的生存、竞争和演替也有重要的调节作用。在这里举一个外来入侵植物物种取代土著植物物种的例子。入侵植物物种通过取代本地植物群落和在新栖息地形成单一物种，严重威胁世界各地自然生态系统的完整性。传统的生态学观点认为，入侵植物异常成功的主要原因是摆脱了束缚它们的天敌，能够充分利用它们的潜力进行资源竞争。化感作用，即植物释放的植物毒素，被认为是某些入侵植物成功的另一种重要机制。矢车菊（*Centaurea maculosa*）是北美最具经济破坏性的外来入侵植物物种之一。矢车菊可从根系分泌出植物毒素——儿茶素。矢车菊根系分泌的儿茶素，根据不同手性，可分为两种对映体：一种对映体为 (+)- 儿茶素，表现出抗菌功能；而另一种对映体为 (-)- 儿茶素，对多种植物有强烈的化感作用。在自然浓度下的 (-)- 儿茶素会显著抑制土著植物的生长和种子萌发。对于敏感土著植物，(-)- 儿茶素在根分生组织引发一波又一波的活性氧，进而导致钙离子信号级联触发基因表达的全基因组变化，并最终导致土著植物根系死亡。这项研究，通过整合生态学、生理学、生物化学、细胞和基因组学方法，证明了矢车菊根系分泌物中 (-)- 儿茶素具有"杀手"角色的化感作用，挑战了传统的生态学观点，支持了入侵植物成功的"新武器假说"，揭示了植物的生化潜能是入侵成功的重要决定因素。

## 5 · 智斗铝毒的"好手"——荞麦

我国南方广大的红黄壤地区，长期处于湿热的气候条件，岩石风化和盐基离子淋溶 / 淋失严重，导致土壤酸化。经过长期的进化，原始的酸性土壤上生长出许多耐酸甚至是喜酸的植物。很多人喜爱喝茶，这茶树就是典型的喜酸植物。

酸性土壤对于其他不耐酸的植物来讲，主要障碍是过高的铝离子浓度导致的铝毒。耐酸或者喜酸植物就进化出了许多耐受铝毒的生理机制。荞麦是南方酸性土壤中生长的典型的耐酸（耐铝）作物。荞麦"很聪明"，当其根系感受到土壤中有很高的铝离子浓度时，很快合成和释放一种叫草酸的低分子量有机酸，草酸和铝离子可以形成络合物，相当于在根系周围的微域环境中（根际）将铝离子无毒化。荞麦不仅可以在根际将铝离子无毒化，还可以应付"偷偷溜进"其体内的铝离子。荞麦用合成的草酸在体内螯合铝离子，然后把这种螯合物运输到液泡里储存起来。这液泡就好像植物细胞里的"垃圾桶"，植物可以把没用或暂时没用的物质储存起来。

## 6 · 具有魔幻根系的"吸磷高手"——羽扇豆和莎草

磷是非常重要的植物养分，但是土壤中磷通常大部分都不能被植物吸收，这些磷被土壤组分（矿物和有机质）所固定。有些土壤，如热带亚热带地区，由于风化淋溶比较彻底，磷的含量不仅很低，且主要以固定态的形式存在。这样的逆境却催生了一些能高效利用土壤中磷素的植物物种。

羽扇豆，又名鲁冰花，是一种很古老的作物，主要起源于地中海和南美地区。早在欧洲人进入南美之前，羽扇豆在安第斯山脉已被广泛种植。在古罗马时期，人们已经认识到羽扇豆可以在很贫瘠的土壤中生长。

为了应对贫瘠的土壤，特别是低磷的生长环境，羽扇豆进化出了一类神奇的根系及生理机制——排根或叫簇根。排根就是植物在侧根上形成的一组根簇，长得像有密密麻麻刷毛的瓶刷。这些"刷毛"，有效扩大了根系吸收磷的表面积。不仅如此，这些根还可以短期内爆发性地分泌柠檬酸等低分子量的有机酸，从而高效活化土壤中被固定的磷酸根离子，让植物获得充足的磷，促进了植物的生长。羽扇豆为了在磷素十分缺乏的土壤中生存算是很拼了。据估计，羽扇豆排根释放的有机酸可以高达植物光合产物的25%。当然羽扇豆不会傻乎乎白干活，当植物体内磷含量达到其生长的需要量时，就会停止发育排根和分泌有机酸。

无独有偶，在全球都有广泛分布的莎草科植物也常生活在贫瘠的土壤中。莎草为了更好地从土壤中吸收养分，特别是磷，进化出了一种"胡萝卜状"的根系结构，也就是在其较短的侧根上密集地长出5毫米左右的长根毛。根毛是植物吸收养分和水分的重要器官，莎草形成的这种特殊的根系结构就是为了更好地吸收养分。许多莎草科的植物都可以形成"胡萝卜状"的根，而且这一过程也是受生长环境中的磷含量控制的。植物一点也"不傻"，当土壤磷供应充足的时候莎草就停止发育这种"胡萝卜状"的根，免得浪费自己的碳水化合物。

图 3.22　山中的野生羽扇豆
　　　　（图片来源：视觉中国）

### 7 · 超耐重金属的"高手"

　　土壤里面不仅存在植物需要的养分，还有植物不喜欢的有毒元素（如重金属）。自然地质作用和工农业活动（采矿、冶炼和生产农用化学品等）都可以导致土壤中重金属污染。长期生长在受重金属污染的土壤中，植物也可以进化出各种适应机制，甚至可以进化出新的物种。

　　从大类上来讲，植物进化出了两种机制来应对重金属：第一类是躲避机制，也就是植物进化出如何少吸收重金属的机制。到目前为止，绝大部分耐重金属的植物是采用躲避机制的。第二类是超积累型，也就是植物可以大量吸收积累重金属，并能在体内实现重金属的无毒化。新西兰地球化学家罗伯特·布鲁克（Robert Brooks）在 1977 年首次提出超积累植物（Hyperaccumulator）这一概念，当时他在研究镍超积累植物时提出的定义是干物质镍含量大于 0.1% 的植物。后来这个概念也扩展到其他重金属，如锌、镉和类金属砷等。一般来说，超积累植物指的是在其地上部积累千分之一的铜、钴、铬、镍或铅，百分之一的锰或锌，万分之一的镉的植物。

早在 1855 年，在德国亚琛附近的富锌土壤中，发现了一种叫芦苇堇菜（*Viola calaminaria*）的锌矿指示植物含有异常高的锌浓度。随后，植物学家萨克斯（Julius von Sachs）在 1865 年报道了这种植物生长地区（现在德国和比利时边界的两侧），包括遏蓝菜（*Thlaspi alpestre var. calaminare*）在内的其他植物的分析数据。当时报道的竹叶堇菜干物质中的锌含量高达 800~1000 毫克/千克（0.08%~0.10%），后来报道了更高的含量，所以这个数据在现在看来并不特别高。事实上，1865 年引用的遏蓝菜叶片干重的含锌量约为 1.2%，在根中约为 0.13%。从那时起许多研究者也证实了这一点，认为这是植物的一种非同寻常的反应，因为植物虽然异常吸收积累了这种重金属元素，但并没有显示出明显不良的影响。

从文献记载来看，世界上最早发现镍超积累植物是在 1948 年。两位意大利科学家在意大利蛇纹岩发育的土壤上发现一种十字花科植物——庭荠（*Alyssum bertolonii*），它的镍含量高达 1000~10000 毫克/千克（0.1%~1.0%）。蛇纹石是一种含水富镁硅酸盐矿物的总称，包括叶蛇纹石、利蛇纹石、纤蛇纹石等。由于这类岩石的颜色一般常为绿色调，但也有青、浅灰、白色或黄色等，看起来往往是青绿相间，像蛇皮一样，由此被叫作蛇纹石。蛇纹岩通常含有较高的重金属镍。

大多数已发现的超积累植物都是草本植物。当镍超积累树——尖山榄（*Pycnandra acuminata*）被发现后，相关研究开始迅速发展。这种镍超积累植物是位于南太平洋的新喀里多尼亚的土著植物，于 1976 年由当地科学家杰夫雷和新西兰科学家布鲁克斯等发现，并在《科学》上发表了论文。新喀里多尼亚，位于南回归线附近。尖山榄积累镍的能力是非常惊人的，其树胶里镍的含量可以高达 20%~50%。由于镍复合物的存在，尖山榄树胶呈蓝绿色。尖山榄生长在富镍的超基性岩发育而来的土壤中。40 多年来，已先后发现了 440 余种重金属超积累植物，其中 3/4 是广泛分布于世界许多地区的富镍超基性岩发育土壤上的镍超积累植物。

就整个植物王国来讲，具有重金属超积累性状的植物还是占少数。那么植物为什么会进化出这种超积累性状？难道植物这么"傻"，花力气把有毒的金属离子吸收进来，然后再进化出去毒的机制？这是一个没有完全被揭秘的谜。有人认为也许这是一个意外的事件。

波拉德（A. Joseph Pollard）和阿兰·贝克（Alan Baker）等学者提出超积累植物基于元素抵御昆虫的取食或病原菌入侵的假说。他们在 1997 年发表的研究成果显示，天蓝遏蓝菜（*Thlaspi caerulescens*）——十字花科的锌超积累植物在超积累锌之后可以显著提高其"躲避"昆虫取食和真菌的侵染。通常植物通过合成次生代谢产物（如生物碱、萜烯和芥子油甙等）来抵御昆虫取食或病原菌入侵。一些研究显示，芥菜（*Brassica juncea*）超积累硒可以使其免受毛毛虫、蚜虫和蜗牛的取食，甚至还可以抵御镰刀菌的感染。

从进化生态学的角度来探讨这些超积累植物的进化优势及其对生态系统过程和功能的影响才刚刚开始，有待于深入探讨。

随着超积累植物不断被发现，人们也开始考虑这些特殊植物资源的开发利用问题，有一位科学家在这方面有杰出贡献，他就是阿兰·贝克教授。笔者（朱永官）和贝克教授算是很有缘分。笔者在英国帝国理工学院攻读博士的导师是乔治·肖（George Shaw），而肖教授在英国谢菲尔德大学攻读博士的导师是贝克教授。贝克教授在帝国理工学院完成本科和博士学习。作为帝国理工学院的学生，笔者和贝克教授都在温莎城堡附近希尔伍德公园校区的学生宿舍住过一段时间，不过前后隔了 25 年。

贝克教授曾跟笔者开玩笑说，他是为超积累植物而生的。1948 年他出生的那一年世界上第一株超积累植物——庭荠在意大利被发现。贝克教授在大学期间就开始对生长在重金属污染土壤的植物感兴趣，博士学位期间他研究石竹科植物的重金属耐性生理，取得了不错的成果。之后他主要在谢菲尔德大学从事科研和教学工作，其间受新西兰梅西大学布鲁克教授的邀请评审他学生的博士论文。

前面已经提到过布鲁克教授，他作为一名地球化学家，在找矿的过程中发现了植被重金属含量对找矿的指示作用，他是超积累植物研究的先驱。由于兴趣爱好和个人性情的原因，布鲁克和贝克很快成了紧密的合作伙伴。后来加上布鲁克的同事，分析化学家罗杰·里夫斯，他们三人成了超积累植物研究的"三剑客"，合作持续了 20 余年。

他们从超积累植物的发现走向利用超积累植物开展植物修复和金属的回收等相关研究工作。近二十年来植物修复一直是环境科学领域一个热门的研究方向，科学家和工程技术人员希望利用植物对重金属的富集来修复被重金属污染的土壤。尽管在理论层面上已经取得了很多新的进展，但是在应用层面仍有许多挑战，包括修复的效率，植物的快速繁殖，超积累植物的安全处置等。除植物修复外，利用超富集植物来采矿也成为一个有趣的研究课题。布鲁克及其同事就曾经尝试用一些超积累植物来提取矿石中的黄金。他们用硫氰酸铵来活化矿石中的金，然后种植印度芥菜等超积累植物，结果显示这种方法具有一定的应用前景。近年来植物修复的发展与应用到了一个瓶颈期，需要有更多的面向应用的技术攻关。

# 第四章

---

# 生病的土壤

# 脆弱的土壤

　　土壤是具有生命的系统，它的"生长"极其缓慢，通常长厚1厘米需要成百上千年的时间。然而，土壤的退化，可以在瞬间完成。

　　当前地球已经进入人类世——一个新的地质历史时期。大家可能比较熟悉恐龙生活的侏罗纪。世是比纪更小的地质年代。在人类世，人类活动正在极大地改变着地球的面貌和身体状况，如土地利用的变化和生物多样性的丧失。进入人类世的土壤形成和退化，也在经受新的挑战。在土壤的自然形成过程中，生物是五大成土因素之一，而自然成土过程，生物因素主要指微生物和植物的作用。正如美国杜克大学的里克特（Richter）教授所说的，进入人类世后，人类作为一个物种对土壤形成的影响将成为主导力量，将改变土壤的形成、发育和性质。

　　那么，在如此异常的压力下，土壤也就有可能丧失其正常的生态功能，从而生病。

　　土壤生病的症状也像人一样，表现也多种多样，有中毒的，有代谢性失常的，有元素缺乏的，也有免疫性的。由于土壤是人类赖以生存和保持健康的基础，土壤得病了，人类的公共健康也受到影响。

　　化肥在解决人类粮食安全中发挥了至关重要的作用，但是现代过量单一施用化肥可能导致土壤疾病，如土壤酸化、元素失衡、有机质的锐减和土壤板结等。这些变化不仅会使土壤丧失肥力，影响土壤的可持续利用，还可以导致土壤中碳的流失，影响全球气候变化。

　　现代工业的快速发展和城市化可以通过各种途径向土壤输入污染物，如重金属、农药和其他种类繁多的人工合成的化学品，导致土壤中毒。土壤中许多生物由于污染而丧生，从而导致土壤功能的紊乱。土壤中污染物的积累也可以通过作物吸收进入食物链，影响人类健康。

除土壤在物理和化学层面出现病态外，其生命力的核心——各种肉眼看不见的微生物——也会因过量化肥施用和污染而带来种群的变化和功能的退化，直接影响土壤生态系统的整体健康状况。

土壤微生物群落的变化也会导致土壤免疫性疾病的发生。当前为了追求高产和高经济收益，常常会连续高密度栽培同一种作物，如大豆、西瓜或西红柿，形成连作障碍——也就是连续两三年（因作物而不同，或更长）种植同一种作物后土壤发病，影响作物健康。连作障碍在很多情况下实际是土传病害，也就是土壤免疫力降低之后一些病原菌趁虚而入，伤害庄稼。

就像人生病了要治疗，土壤生病了也需要及时治疗。

**知识卡片**

近年来，"One health"（中文为全健康，联合国文本的官方翻译是卫生一体化）概念被广泛采纳。2021 年 11 月，联合国的四个机构——世界粮农组织、世界卫生组织、动物卫生组织和联合国环境署联合成立了一个高级别专家组——OHHLEP。该专家委员会制定的全健康定义为：全健康是一种综合的、增进联合的方法，目的是可持续地平衡和优化人类、动物和生态系统的健康。

全健康认为人类、家养和野生动物、植物以及更广的环境（包括生态系统）的健康是紧密联系和相互依赖的。该方法动员社会不同层面的多个部门、学科和社区共同努力，促进福祉，并应对健康和生态系统的威胁，同时满足对清洁水、能源和空气、安全和营养食品的共同需求，采取应对气候变化的行动，促进可持续发展。

尽管健康、食品、水、能源和环境均为特定部门和专家关注的较为广泛的主题，但跨部门和跨学科的合作将有助于保护健康、应对诸如新发或再发传染病及细菌耐药性等全球性的健康挑战，促进生态系统健康且保持其完整性。此外，全健康将人类、动物和环境联系起来，可以帮助解决全方位的疾病控制问题——从疾病预防到检测、准备、响应和管理——并改善和促进健康及其可持续性。

　　土壤健康是全健康概念中非常重要的基础一环。尽管土壤中绝大多数微生物对人类是有益的，或者至少是没有危害的，但有极小部分的微生物可以对人体健康造成威胁。这些致病微生物又被叫作病原菌。在特定的土壤退化条件下，病原菌的比例会增加，使得土壤成为病原菌的温床。

# 土壤放射性污染

1986 年 4 月 26 日苏联切尔诺贝利核电站发生爆炸事故（7 级核事故），大片土地受到放射性污染，至今仍有约 2600 平方千米的区域被列为禁区。

放射性元素（放射性核素）是指能够自发地从不稳定的原子核内部放出粒子或射线（如 α 射线、β 射线、γ 射线等），同时释放出能量，最终衰变形成稳定的元素而停止产生放射的元素。放射性元素有天然的，也有核辐射形成的人工放射性元素。

在天然土壤中，也存在微量的放射性核素（如铀-235、钾-40 等），这些放射性核素产生了土壤的本底辐射。但是核技术的发展和核能的广泛利用，给环境，尤其是周围土壤，带来不同程度的放射性元素的污染，其中比较突出的是自 20 世纪原子弹的爆炸以及核电厂的泄漏甚至爆炸事故等。

在人造核素中，放射性铯（铯-137）是最常见的核素之一。铯-137（$^{137}Cs$）并非自然界中原本存在的物质，而是 20 世纪 50—70 年代大气热核试验以及核电站事故产生并在环境中蓄积的一种放射性同位素，半衰期为 30.17 年。由核试验产生的铯-137 进入大气平流层后随着大气环流运动，通过干、湿沉降作用到达地表。全球尺度的铯-137 沉降高峰发生在 1959 年和 1963—1964 年，北半球的沉降量明显高于南半球。需要指出的是，除了核试验或核事故造成当地土壤中的铯-137 在相当长的一段时期内会通过外照射和内照射（经由食物链摄入）危害人体健康，分布至全球其他地区土壤中的铯-137 的放射性水平一般不会对人体健康产生不利影响。

切尔诺贝利核电站爆炸事故的主要污染物就是铯-137。此次事故排放的铯-137 没有进入平流层，主要通过对流层扩散，因此，其沉降具有明显的地域性特征，导致欧洲及西亚地区在 1986 年出现一个铯-137 沉降峰值，但未对东亚地区的沉降量产生明显影响。事故发生不久，著名刊物《自然》

发表了英国辐射防护局的研究结果，指出该核事故在全国境内可以导致人体辐射增加 4%（和背景值相比），其中北部区域可以高达 15%。

1987 年《自然》跟进报道，切尔诺贝利核事故导致的英国土壤污染持久存在。土壤中的放射性铯可能通过农作物被人体摄入，因此如何控制农作物对土壤中放射性铯的吸收成为一个重要的课题，时至 20 世纪 90 年代初，仍很受关注。笔者（朱永官）于 1994 年 3 月底受英国皇家学会的资助在位于北爱尔兰的女王大学开展为期一年的学术访问。在 1994 年，笔者在《新科学家》杂志上看到帝国理工学院招收一名博士生，研究如何利用钾肥来控制作物对铯的吸收。由于笔者在中国科学院南京土壤所攻读硕士学位期间专门研究土壤中钾的行为，并发表了多篇学术论文，就应聘了这个博士生的岗位。意料之中，经过严格的筛选和面试，笔者成功获得了这个奖学金，在帝国理工学院开展为期三年的博士生涯。其间，笔者主要通过大型水培实验和田间试验探讨施用钾肥对小麦和蚕豆吸收铯 -137 的影响以及生理机制。笔者在帝国理工学院的博士研究的成果发表了 7 篇国际刊物的论文，给职业发展奠定了很好的基础。

放射性元素造成的土壤污染虽然难以修复，但并非一无是处。通过巧妙的测定，铯 -137 可以作为土壤侵蚀的示踪技术。

铯 -137 进入土壤后，马上被黏土矿物和有机质强烈吸附。早在 1965 年，美国科学家罗果斯基等就报道，侵蚀地区土壤中铯 -137 的再分配与土壤颗粒运移之间呈现紧密的相关关系。土壤侵蚀和沉积作用是导致土壤中铯 -137 发生空间迁移和再分配的主要驱动力，这正是科学家们变土壤铯 -137 放射性污染物为有用的示踪工具，将其用于土壤侵蚀及沉积研究的基本原理。与传统的小区观测法和普查法相比，铯 -137 示踪技术有其独特的优势，运用该法可对土壤侵蚀的空间变化、土壤不同层次的形成年代、土壤迁移的空间分配进行研究，并估算长期（大约 60 年以来）的土壤侵蚀量。

图 4.1    本书笔者朱永官在英国帝国理工学院攻读博士学位时在校园的留影。
（图片来源：朱永官）

　　为应用这项侵蚀示踪技术，科学家们需要解决两个关键问题：（1）土壤铯-137 背景值的确定，可由放射性沉降的长期监测数据估算获得，也可采用既无侵蚀也无沉积发生处（如平坦草地）的土壤铯-137 含量实测值；（2）土壤的铯-137 损失率与土壤侵蚀速率之间的定量关系模型的建立。现有模型可以分为两大类，一类为经验模型，它是基于对现有数据的统计分析，建立土壤铯-137 损失率与土壤侵蚀速率的简单经验性函数；另一类为理论模型，它则是基于土壤侵蚀机理的分析，综合考虑主要侵蚀影响因子，建立土壤剖面铯-137 损失率与土壤侵蚀速率的关系式，主要包括比例模型、重量模型、幂函数模型、质量平衡模型等。然而，不同的模型给出的土壤侵蚀速率结果可能存在差异，需选取合适的模型并可靠地确定其参数，采用侵蚀小区观测数据对铯-137示踪法测定结果进行验证和校正是必要的。

由此衍生出来，科学家们还可以利用沉积物剖面铯-137的分布确定沉积物的历史，从而研究环境的历史演化特征。

# "铊"是谁

## 1·"被诅咒过"的元素

《致命元素》（*The Elements of Murder*）的作者约翰·埃姆斯利（John Emsley）曾在一篇文章《铊带来的麻烦》中写道："如果有一种元素一出现就被诅咒过，那么这个元素就是铊。"

铊被发现于 1861 年，当初英国化学家威廉·克鲁克斯（William Crookes）在检查硫酸厂的残留物时发现发射光谱中有一条前所未有的绿线。这条绿线类似于春天植被的颜色，因此他将这一新元素命名为"铊"。铊的英文名字源于希腊语"thallos"，意指"一根幼枝"。1861 年，法国科学家克洛德-奥古斯特·拉米（Claude-August Lamy）也独立发现了铊元素，并于次年首次制备出了金属铊。

铊最初被用于治疗头癣等疾病，后来因其具有毒性大的特点而被作为杀鼠、杀虫和防霉的药剂，20 世纪 70 年代被禁用。20 世纪 80 年代以来，铊被广泛用于电子、军工、航天、化工、冶金、通信等各个方面，在光导纤维、辐射闪烁器、光学透镜、辐射屏蔽材料、催化剂和超导材料等方面具有潜在应用价值。在现代医学中，铊同位素被广泛用于心脏、肝脏、甲状腺、黑色素瘤以及冠状动脉类等疾病的检测诊断。

铊之所以成为完美的毒药，有诸多原因：

（1）铊和锑、砷、铬、铅、汞等元素一样是无臭、无味的重金属，可以轻松顺利地混合到食物和饮料中，但毒性远远大过这些元素。

（2）铊主要以一价铊离子存在，溶解性高，且与钾离子化学性质相似，在生物体内会与钾离子发生竞争，影响有钾离子参与的生理活动（如神经冲动的传导）。三价铊的比例在强酸性和氧化条件下显著增加，三价铊的毒性大约是单价铊的 50000 倍。

（3）铊在体内的半衰期为 3~8 天，容易造成最佳治疗时间的延误，剂量大会造成急性中毒，而剂量小则造成慢性中毒。

（4）铊中毒带来的症状在多器官发生，真假难辨。由于涉及多个系统，铊中毒以其复杂性和严重性而臭名昭著，因为毒性症状是非特异性和多样化的。脱发和疼痛性神经病变是其主要特征，其他症状为胃肠道功能紊乱、脑病、心动过速、共济失调、肝肾和心脏损害等。铊中毒容易误诊，往往伴随着一系列严重的后遗症。

由于这些特性，铊被称为完美的杀人武器。

## 2 · 铊的"江湖劣迹"

正是因为铊是完美的杀人武器，自其发现以来已在人类犯罪史上留下斑斑劣迹，大到政治谋杀，小到情感报复或者一个不小心的中毒事件，都有铊的身影，即使在其正常使用中，也留下不少祸害。

铊也是小说和电影中经常提到的毒物，1947 年奈欧·马许（Ngaio Marsh）的《最后的帷幕》出版，是最早描写铊毒杀案的小说。1961 年阿加莎·克里斯蒂（Agatha Christie）的《白马酒店》出版，书中对铊中毒症状描写得非常精准，乏力、刺痛、呕吐，"头发一把把地连根脱落""头发被拔掉也不痛"。

即使铊被小心翼翼地用来做灭鼠剂，也难免造成大事故。在南美洲的圭亚那就发生过一起特大规模的铊中毒事件，当时引进了近 500 千克的硫酸铊来消灭鼠害，头两年没有发现任何异常情况，但之后陆续有居民出现各种不适并入院治疗，严重的更是直接死亡。最后大约有数百人中毒，44 人死亡。导致这场悲剧的原因居然是当地的奶牛意外吃下了硫酸铊，以至于人们喝下了它们产下的铊含量过高的牛奶而中毒，造成了这次特大规模的铊中毒事件。

### 3 · 铊可能是颗"化学定时炸弹"

　　且不谈铊被作为毒药带来的危害，在现实生活中，对大众而言，铊可能是个健康凶手，对生态环境而言，铊更可能是个"化学定时炸弹"。

　　• 铊在地球中含量不高，但高度不均匀

　　铊是一种高度分散的重金属元素，在地壳中的丰度为 0.75 毫克 / 千克。在元素周期表中，铊的两侧分别为典型的亲硫元素汞和铅，铊也表现出强烈的亲硫性质。因此在低温成矿过程中，因其地球化学性质与汞、砷、铜、铅等相似，故常以微量元素形式进入矿物中。在世界各地，在出产这些矿物的矿区附近，常常伴随发现有丰富的铊，如波兰的西里西亚 - 克拉科夫铅锌矿区、贵州的兴仁滥木厂、广东的云浮硫铁矿区等。目前世界上已经报道了多种铊矿物，其中发现铊矿物较多的国家是瑞士、美国、法国和中国。

　　• 工业活动释放了大量的铊到环境中，土壤污染严重

　　由于人类的采矿活动和工业过程（例如煤炭燃烧和冶炼），造成了大量的铊的释放。据估计，每年有 5000 吨铊被释放到环境中，其中大约 1000 吨来自煤的燃烧。

　　由于某些铊化合物的高挥发性，因此，大部分铊被释放到大气中。20世纪 80 年代初，德国发生了一起慢性铊中毒事件，原因就是源自水泥厂的含铊粉尘对周围环境产生了污染。在中国和韩国，在水泥厂周边的土壤也存在铊污染的情况。

　　• 作物吸收力强

　　土壤中的铊通常作为一价阳离子存在，因此很容易被植物吸收，这主要是因为其容易替代钾离子，此外，富含硫的十字花科植物具有（超）积累铊的潜力。

　　通常重金属在植物体内的分布是根 > 茎 > 叶 > 果，但对于青菜，研究发现，青菜组织中铊的富集遵循降序排列，即老叶 > 鲜叶 > 茎 ≈ 根。可见，

在铊污染的土壤中所生长的作物含铊量高，长期食用受铊污染的土壤上所生长的作物，会对人体健康带来威胁。

　　鉴于铊的毒性、污染排放强度、作物吸收速度等，如果铊污染不受到重视，有可能成为"化学定时炸弹"。

　　铊这个令人既熟悉又陌生的元素，从被发现起，似乎就被诅咒过，在近百年间，纵横江湖，劣迹斑斑。与镉、铬、砷、铅、汞这些有毒重金属相比，铊是一个被忽视的新型污染物。随着工业的发展，在整个环境特别是土壤 - 植物系统中，其危害性显著增加，如果不加以管理、控制和修复，有可能成为环境中的"化学定时炸弹"，威胁公众的健康。

# 土壤与"镉大米"的故事

## 1·镉中毒:一种奇怪的病

1912 年左右,在日本富山县神通川下游盆地地区出现了一种怪病,被当地人称为痛痛病。得了这种病的人,在发病时常常忍不住喊"痛啊痛啊",病名也由此而来。

1955 年,细谷正吾(Shogo Hosoya)宣布"这种疾病是由微生物引起的"并且"这对日本来说是新的疾病"。在这以后,"痛痛病"的消息开始在日本范围内广泛传播。

1956 年,萩野昇(Noboru Hagino)起初认为"痛痛病是一种由于营养不良导致的骨软化症。"但后来,人们进一步发现这种病例集中出现在神通川流域的一个小区域。通过一系列研究,他得出了一个全新的结论:痛痛病是由于水、土环境中富集重金属元素而引起的慢性镉中毒。

流行病学得出,人体肾皮质的镉含量不能超过 200 毫克 / 千克,也就是在人生前 50 年内吸收到体内的镉不能超过 2 克,但轻度和重度痛痛病患者摄取镉的量分别高达 3.1 和 3.8 克。

根据大量相关的研究结果,日本卫生和福利部于 1968 年 5 月正式宣布"痛痛病是慢性镉中毒引发的。它首先会损害人体的肾功能,并逐渐导致骨软化。受害者一般会罹患钙缺乏症"。同一年,官方认定痛痛病的主因是长期食用镉含量过多的大米引起的。当年官方认定的痛痛病患者为 192 个,按理说,对于这种奇痛无比的公害病,人们肯定都会严加防范,避免祸及自身。但直到 2004 年,日本官方还认定出 4 个痛痛病患者。这一跨度长达 42 年,可见这一疾病的影响多么深远!

## 2·背后元凶："48 号"魔鬼

人们在日常新闻报道中，常常会发现"重金属污染""重金属超标""重金属致癌"这样的术语，这也引起了人们对于重金属与人体健康关系的关注。

实际上，重金属是对 54 种密度大于 4.5 克 / 立方厘米的金属元素的总称。由于每一种金属在土壤、粮食和人体中的传递和迁移行为不同，如果仅是笼统地讲重金属污染和致癌，并没有很大的意义。

在 54 种重金属中，有 5 种元素被称为"五毒"，也就是镉（Cd）、汞（Hg）、铅（Pb）、砷（As）和铬（Cr）。这是因为它们会对人体健康和生态环境产生较大的影响。它们的共同特征是：工业上需要被大量生产；具有高毒性，如在人体内积累到一定程度则具有较高的毒性；动植物的生长发育都不需要这些元素。

在"五毒"中，如果考虑元素在生态系统和食物链中的迁移能力，镉的重要性就排在第一位。砷、铜、镍和锌等元素向食物链的过量转移受"土壤－植物屏障"的控制，通常能够在通过饮食等方式被人体摄入之前被"过滤"掉。然而，对于某些元素，例如镉，"土壤－植物屏障"失效，能够在整个链条上畅通无阻，因而更容易进入人体。这也就是为什么现实生活中常常有"镉大米""镉小麦"的说法，而很少听到"砷大米""汞大米""铅大米""铬大米"了！

除此之外，镉之所以能成为土壤重金属中的"魔鬼"，还有以下理由。首先，镉是一个分散元素，几乎难以独立成矿，常常与其他矿物伴生。其次，和汞、铅、锌等一样，镉是一个亲硫元素，因此硫矿床（如铁硫矿）一般都含有微量的镉。再者，在元素周期表中，镉与锌、汞属于同族元素，因而它的很多性质与锌相似。第四，镉的离子半径与钙离子相当。虽然在矿物质中并不发生镉对钙的同晶替代，但在土壤化学行为方面，镉与钙的吸附能力大致相当。因此，当人体内有大量的镉存在时，特别是肾功能受损后，镉很容易取代骨头中的钙，而造成痛痛病。

## 3·水稻：一个天生的吸镉高手？

很多人认为"镉大米"是因为水稻容易吸收并富集镉所致。事实上，这种说法并不正确。

有科学家曾经做过实验，发现与其他粮食作物相比，在淹水的环境下水稻的吸镉能力并不出众。那为什么容易生产出"镉大米"呢？

"镉大米"的产生与水稻的生长环境变化有关。在水稻营养生长和生殖生长的交接期，有个中干排水（即水稻栽培期间，抽穗前先将水田中的水排掉，使田面晒干）来调节土壤环境和控制分蘖的过程。在前期淹水（2周以上）过程中，由于土壤氧气不足，土壤呈还原环境，很多重金属离子（包括铁、锰、锌、铜和镉）都会形成硫化物而难以被水稻所吸收（如硫化镉很难溶于水而被水稻吸收）。但是，在短暂的中干排水阶段，土壤氧气增加，土壤呈氧化环境，硫化镉比其他重金属硫化物更容易溶解，从而使得水稻根系附近的镉离子浓度大大升高，也就使得镉容易优先被水稻根系所吸收，并输送到籽粒而导致稻米的镉超标，产生所谓的"镉大米"。

水分管理是控制稻米镉含量优先推荐的手段。大量研究表明，对于镉轻度污染的稻田土壤，只要在水稻抽穗前后的三周时间里，确保稻田有2~3厘米的覆盖水层，稻米的镉含量就能大大降低。在水稻生长后期，施用一定的钙镁硅肥对于稻米控镉也有较好的效果。

由此可见，水稻并非天生的吸收镉的高手，"镉大米"的产生是稻田生长环境的变化使然，我们可以通过稻田水分管理或提高土壤溶液中营养离子浓度等手段来抑制水稻的镉吸收，降低稻米的镉含量。

## 4 · 均衡营养：构筑人体的抗镉防线

镉污染的一个重要来源是工业采矿活动。因此，工业革命最先影响到的英国等西方发达国家，也曾遭受过严重的工业污染。在土壤镉污染方面，一些西方国家遭受的污染甚至要比日本严重得多。为什么这些地方并没有出现痛痛病，而工业发展更晚的日本却中招了呢？其实，这主要与东、西方的饮食结构差异有关，确切地说与食物中的营养有关。

亚洲人以稻米为主要粮食，比如 65% 的中国人以稻米为主要粮食，但稻米在镉的积累和营养含量方面存在着以下特点：

（1）稻米中钙、镁、铁等元素的浓度较为稳定，而镉浓度的变化却可以很大。

在矿山开采、冶炼等各种涉及镉释放的工业活动出现之前，土壤中虽然也有微量的镉，但这些镉大多存在于矿物中，有效性极低。这种土壤上出产的大米自然是安全而少镉的。虽然水稻生长不需要镉，但当镉通过大气沉降或者水体等途径进入稻田后，水稻会不加选择地将其吸收。有意思的是，低浓度的镉并不会对水稻生长带来任何影响，甚至当稻米中镉含量明显超标时，水稻照样可以丰产。

不同品种大米中的铁、钙、锌等元素的含量会有差别，但差别不大，最高也只有数倍。不过，镉的情况比较特殊。当土壤条件和土壤污染程度不同时，不同品种大米之间的镉含量甚至可以相差数百倍。例如，我们对 125 种大米样品进行市场调查，测定到的锌含量变幅为 9.2 到 22.3 毫克 / 千克，相差 2.42 倍；钙含量在 20~250 毫克 / 千克的区间范围内，相差 5 倍；而镉含量的变幅为 0 到 1.04 毫克 / 千克，这个倍数就难以计算了！

当土壤受到镉污染并且土壤本身发生酸化时，由于大米中的镉含量不像锌、钙等元素那样变化幅度有限，大米的受到镉污染的风险将陡然增加。

（2）镉的存在可能让大米中的锌、铁、钙的营养降低。

铁、锌、镉3种重金属元素在化学性质上表现出很多的相似性，常常利用相同的转运系统进行吸收运输或储存；镉与钙在离子半径上极为相近，因此在土壤环境和作物体内，这几个元素有着较强的相互作用，很多时候表现出相互竞争的关系。

镉含量越高，大米中的锰和铁的含量就越低。同时也有试验表明，当大米中的镉含量高时，大米的其他营养成分（如淀粉和蛋白质含量）也会降低。

（3）精加工可以降低镉含量，但其他营养的损失量也很大。

铁、镁、钾、磷和锰等营养元素主要分布在糙米的皮层，而镉在大米中主要以与蛋白结合的方式，较为均匀地分布在整颗米粒中。

因此，大米加工过程中营养元素去除的比例多得多。从获益与风险的角度来说，大米抛光不仅几乎没有降低镉的含量，反而损失了大量的营养，因此吃糙米的获益会高一些。

此外，淘米做饭过程中镉去除量有限，而铁、钙、锌却再次大量损失，增加了含镉大米的不安全性。

科学研究表明，当食品中含有丰富的铁、钙、锌以及维生素D和膳食纤维时，人体吸收镉的量就会降低。反之，人体吸收量会大幅增加。

这是由于肠道吸收铁和镉这样的二价重金属离子用的是同一个通道。当铁、钙、锌含量充足时则有助于减少肠道对镉的吸收。这就好比路已经被其他元素占据了，而镉也就无路可走了。膳食纤维的作用是增加镉从粪便的直接排出量，从而可以降低重金属的体内吸收。

镉含量  100%            90%            90%

营养  100%            60%~40%        20%~10%

图 4.2  从糙米到米饭制作过程中镉和养分的变化
　　　（图片来源：陈能场）

　　痛痛病的发生与人体的营养摄入有关。研究表明，与西方工业国家的民众相比，日本的痛痛病患者的饮食结构单一、营养缺乏，他们是严重的"隐性饥饿"者，这为他们在镉污染环境中罹患痛痛病埋下了隐患。饮食中的营养和体内的营养充足是我们抵抗重金属镉等进入人体的最后也是最好的一道防线。

### 5·女性更应该注意镉对身体的伤害

　　如果我们深度分析日本痛痛病的患者性别，可以发现 99% 以上的患者是生育过 2~3 胎的老年女性。从 1967 年到 2004 年在神通川流域发现的 191 名患者中，女性有 188 名，男性只有 3 名，女性患者比例高达 98.43%，男性患者只占 1.57%。因此，痛痛病堪称"妇女病"。

　　有科学家分析发现，痛痛病之所以主要在女性中发生有两方面的原因。一方面是由于男性荷尔蒙有助于防止骨头中矿物质的溶出，而女性体内的男性荷尔蒙相对比较少。另一方面则与女性的生理生育有关。女性在怀孕的过程中会将自身骨头甚至牙齿中的钙等溶出供给胎儿。同时，女性周期性的月经容易造成体内缺铁。由于人体肠道对镉和铁的吸收走的是同一个通道，当体内缺铁或食物缺铁时，镉就容易长驱直入进入血液。有研究表明，因为男性饭量大，总体上男性摄入的镉的剂量比女性大。但血镉的浓度，通常是女性高于男性。这是因为男性虽然摄入的多，但直接排泄的镉量也大；女性虽然摄入量较少，但直接排泄的镉量也较少，从而吸收的镉量相对较多。体内的这些营养元素的充足与否对于镉的肠道吸收和进入体内具有至关重要的作用。

因此，比起男性，女性更应该注意镉对身体造成的伤害。

# "硒"少又重要

从中国东北的黑河到云南的腾冲，连起来就得到一条非常有名的"胡焕庸线"。这条线把中国大致分成了人口稠密区和稀疏区。从黑河出发，沿着胡焕庸线往东南走 300 千米，就到了克山县。大部分中国人并不熟悉克山县，但是在土壤科学家眼里，以克山县命名的克山病，充分显示了土壤健康与人类健康的紧密关系。

克山病患者主要是儿童和育龄妇女，其表现特征是心功能不全、心脏扩大和心律失常。患者的血液和头发中硒含量远低于正常人的水平，通过药物补硒可以有效防治克山病。缺硒是发生克山病的重要原因。类似的症状并不止出现在克山县。中国是一个缺硒大国，就在胡焕庸线附近，存在着一个鲜为人知、自然形成的地带——低硒带。这个低硒带从东北三省起，斜穿至云贵高原，横跨 16 个省份或自治区，其中核心区的居住人口达一亿以上。据《中华人民共和国地方疾病与环境因素图集》揭示，在该区域内土壤和农产品的硒含量较低。缺硒还会导致大骨节病。大骨节病是一种地方性、多发性、变形性骨关节病。它主要发生于青少年，影响儿童四肢和关节软骨，致其变形和深层细胞坏死，严重地影响骨发育和日后劳动与生活的能力。据估计，我国目前仍有 60 多万人患有不同程度的大骨节病。缺硒不仅发生在中国，全世界还有 40 多个国家和地区属于缺硒地区。

硒不如别的元素知名。它是一种非金属元素，处于元素周期表的第 16 族，为第 34 号元素。该族有"五兄弟"，硒排在中间，前面有与我们生命活动息息相关的氧和硫。排在硒后面的分别是碲和钋，是更不太常见的元素。

硒元素是被素有瑞典"化学之父"的贝莱利乌斯（Berzelius）教授于1817 年发现的。他在制备硫酸的时候注意到一种残余物，误以为是元素碲，最后发现是一种新的元素。他在命名这个新元素的时候也是颇费心思。由于硒类似碲，而碲元素的英文为 tellurium，其拉丁词根是 tellus- 地球的意思；因此贝来利乌斯教授将这个新元素命名为月亮，其拉丁词根是 selene-，硒的英文就成了 selenium.

硒是动物生长必需的元素，也是对植物生长有益的元素。硒可以取代硫进入半胱氨酸和蛋氨酸，因此人体中有 20 多种含硒的酶，对人体抗氧化系统、免疫系统和甲状腺激素代谢等都有重要作用。很多研究证明硒可以通过减缓自由基带来的细胞损伤而降低癌症风险；也有研究表明硒可以通过提高免疫细胞的活性来预防和抑制肿瘤细胞的生长。

但是硒的生理功能是一把双刃剑，过量的硒对人体和动物是有害的，一般来讲，人体每天需要摄入（主要通过食物）50~70 微克硒。美国国家科学院推荐的人体每日摄入量为 55 微克硒。据估计全球大约有 5~10 亿人的硒摄入量不足。一般来讲成年人硒摄入量的上限是每天 400 微克。根据国家卫生计生委发布的《中国居民营养与慢性病状况报告（2015）》显示，我国居民的硒人均日摄入量仅为 44.6 微克，显然我国人群的硒摄入量低于推荐水平。

对普通人来讲，每天硒的摄入量主要来自食物，包括主粮、蔬菜和动物性食品。土壤 - 作物 - 动物（养殖业）系统中硒的传递对人体健康至关重要。因此，土壤硒含量是动物和人体健康的基础。

自然环境中的硒含量通常很低，在百万分之一的量级（即一千克的样品中含有几毫克甚至更低）。地壳中硒的平均含量为 0.05~0.5 毫克每千克。中国科学院地理科学与资源研究所的谭建安先生及其领导的团队较早研究我国环境中硒的含量与地理分布特征。就全国范围来讲，我国土壤中硒的含量接近 0.3 毫克 / 千克，低于世界平均水平。

中国科学院生态环境研究中心的彭安研究员及其领导的团队在 20 世纪八九十年代开展了大量的研究，探究硒与地方性大骨节病和克山病的相互关系以及病理学机制。他们不仅从传统的环境化学的角度，研究环境因子，包括氧化还原条件和腐植酸等对环境中硒形态和行为的影响。他们还利用组织培养（软骨组织）和模式动物结合生物化学的手段研究缺硒的健康危害机制，如谷胱甘肽转移酶活性和自由基清除等机制。

笔者（朱永官）前期的一项针对全球大米硒含量的研究表明，中国大米硒的平均含量是 88 微克／千克，全球的平均含量是 95 微克／千克。就中国以大米为主粮的人群而言，假定我们 70% 的硒来自主粮，那么要满足每天 55 微克摄入量的要求，大米硒含量的理想值应为 117 微克／千克。可以看出，我们大米硒含量仍有缺口，也说明通过科技手段改善大米硒含量对补充人群硒摄入和健康是有帮助的。

---

**知识卡片**

·土壤-作物系统中硒的形态多样，包括氧化态的六价硒（硒酸根），还原态的四价硒（亚硒酸根），以及有机态硒——硒代氨基酸和硒蛋白等，单质的硒呈红色。

·通常认为有机硒的营养价值更高。

·植物中存在无机硒和有机硒，大米中可以检测到硒代半胱氨酸和硒代蛋氨酸。

---

通过土壤 - 作物系统的调控来补充人体硒营养被称为硒的生物强化，具有广泛的适用性和很强的可操作性。芬兰原本是一个土壤硒含量较低的国家，为了改善该国居民硒营养，芬兰政府决定从 1984 年秋天开始在全国化学肥料中添加硒，以期通过食物链的传递改善居民硒营养。截至 2021 年，资料仍然显示该国一直在执行向化肥中添加硒的政策，并有严格的监控，以保障其政策的顺利实施。1998 年赫尔辛基大学的瓦罗博士团队就报道了实

施补硒措施后两年的成效，他们发现补硒后该国主粮（小麦和燕麦），蔬菜和肉奶制品中硒含量显著提升。他们也测算了人均硒摄入量的增加情况，到1986 年春天人均硒摄入量达到 90 微克／天。

就像前面讲到的，硒是一把双刃剑，过量的硒可引起中毒（许多微量元素都是如此，只是硒的安全摄入范围尤其狭窄）。人体硒中毒表现为头发变干变脆、极易脱落，指甲变脆、有白斑及纵纹、易脱落，皮肤损伤及神经系统异常，严重者死亡。

中国不仅有缺硒的低硒带，还有高硒的"世界硒都"——湖北恩施。地质勘探结果表明恩施的硒矿床处于新塘乡双河向斜北西翼的中段，主矿床呈板块状结构。核心矿区范围长 6 千米，宽 1.5 千米，面积接近一平方千米，含硒量均值 3 600 多毫克／千克，硒矿储量达 50 多亿吨，探明具有工业开采价值的硒金属（工业纯硒）45 吨。渔塘坝岩石中硒的含量最高达 6 300 毫克／千克，是国外已发现最高含硒岩石的 11 倍，改写了"硒不能形成独立工业矿床"的学术界论断。

笔者团队曾对恩施高硒地区土壤 - 水稻系统的硒开展过研究。在高硒的核心区选择了四个采样点，对应采集了土壤和生长在采样点上的水稻及其籽粒。土壤硒的含量在 0.5~47.7 毫克／千克，含硒量最高的土壤上生长的水稻籽粒硒含量接近 10 毫克／千克，几乎是我国大米硒平均含量的 100 倍。我国大米硒含量的最高限值是 0.3 毫克／千克，在采样区的样品中，大约75% 的样品超过这个标准，对当地人群的健康具有潜在的风险。事实上，过去已经有报道该区域存在硒中毒的现象，该区域居民出现包括指甲和头发的脱落等症状。

硒的缺乏和过量都会导致人体健康危害，所以我们需要合理管控土壤 - 植物系统中的硒的含量和形态，使其处于一个安全的水平，从而持续为人类提供健康的食物。在富硒农产品的开发过程中需要严格管控硒的含量，以免过犹不及。

# "碘"与人体健康

19 世纪初，欧洲陷入多国纷争，战火四起。各国都急需大量的火药。当时火药用的都是纯天然矿物，主要成分是硝酸钾。硝酸钾可以通过硝石获得，而硝石在一些岩石和洞穴的表面找到，但产量非常有限，大量依靠进口。当时，普鲁士和奥地利控制了陆地的硝石进口通道，而英国控制了海上的通道，法国在封锁之下，促使他们在本土建立硝石生产基地。他们建立了模拟系统，即将腐解中的有机质和碱金属混合，通过空气中氧气的氧化作用生成硝石。在这个工艺中需要大量的碳酸钠，而碳酸钠可以从草木灰中提取。

法国人贝尔纳·库特瓦（Bernard Courtois）是一位硝石的制造商，也是一个颇有创意的化学家。他在金属槽里用水淋洗生物质灰分，然后通过蒸发获得硝石。金属槽的反复使用会导致其底部形成不可溶的残垢，就像我们家里的烧水壶用久了出现水垢一样，需要用酸加热来清除残垢。

后来，库特瓦开始用海藻灰取代草木灰提取钠和钾。他发现这个过程对他使用的铜槽有较强的腐蚀。1811 年下半年，在提完钠和钾之后，他加入过量的硫酸来清洗处理海藻灰后留下的残垢。硫酸加入后也产生较多的热量，他观察到铜槽中冒出紫色烟气。紫色烟气冷凝后形成黑色晶体，但是他不清楚是什么物质。1813 年英国化学家汉弗里·戴维（Humphry Davy）爵士前往意大利途经巴黎，和他同行的还有他的新任助手法拉第（Michael Faraday）。他猜测这种物质是和氯气类似的元素。库特瓦的两位化学家朋友于 1813 年 11 月 29 日在法国帝国研究所的会议宣布这个新发现。戴维爵士于 1813 年 12 月 9 日写信给伦敦的皇家学会，报告了实验过程，并建议将这种物质称为 iodine（碘），这个英文名称来源于希腊词根——ioeides，意为"紫色的。"

碘是人体必需的元素。缺碘会导致甲状腺肿大，俗称大脖子病。在中国古代，大脖子病又被叫做瘿病。《吕氏春秋·尽数篇》记载"轻水所，多秃与瘿人"，晋代张华《博物志》提到"山居多瘿，饮泉水之流者也"。可见古时人们已认识到瘿病的发生与水土有关。孙思邈的《千金方》中记载治疗瘿病药方有十多种，其中最主要的原料为富含碘的昆布、海藻。尽管当时并没有发现碘元素，但是这些传统疗法一直在全球一些地区持续使用。

19世纪初，碘和大脖子病的关系在碘元素被发现后，才开始被一步步探究清楚。在碘元素发现后不久，瑞士生理学家康德特（J. F. Coindet）发表了他的观察结果：让病人摄入碘酒可以降低大脖子病的程度。当该方法在不同地区广泛推广和使用的时候，由于用量过高，带来了很多副作用，如颤动、心悸和消瘦等症状。这种用碘酒治疗大脖子病的方法被放弃了，但是大脖子病的发病率也随之重新上升。

前期的科学认识和初步的疗效激发了19世纪后期一些欧洲科学家的探索。其中法国化学家加斯帕德·查廷（Gaspard Chatin）是较早开展环境碘含量、人体碘含量和大脖子病之间相互关系的学者。在1850—1876年之间，他在欧洲开展了大规模的调查研究。他分析了空气、水、土壤、蔬菜和奶制品中碘的含量，以期揭示人体碘摄入量与大脖子病患病率之间关系。他发现大脖子病患病率高的地区水和生产的食物中碘明显低于非病区，如沿海地区。尽管当时碘的测定方法还很粗糙，他发现碘摄入量和大脖子病发病率之间的相关性特别好。1852年他正式发表了的科学发现：人群碘的缺乏是导致地方性大脖子病的根源。和用碘酒大剂量补碘的康德特不同，查廷推荐在水中加入微量的碘来防控大脖子病。但是在当时的情况下这种通过微量碘的方法，由于用量很低，得不到科学界的认可。法国科学院只认可查廷关于碘在水、土和植物中分布的研究发现。直到德国科学家欧根·鲍曼（Eugen Baumann）在1896年发现碘以有机化合物的形态存在于甲状腺，查廷的发现才得到认可。

19 世纪和 20 世纪早期的一系列关于环境中碘、地方性缺碘疾病及其防控的研究，最终导致碘盐的使用和推广。根据历史史料，第一个提出使用碘盐来控制缺碘相关疾病的应该是法国农业化学家 J. B. 布森戈（Jean Baptiste Boussingault）。布森戈发现碘盐也是个偶然的故事。19 世纪 30 年代，年轻的布森戈在南美探险，他发现在南美安第斯山脉一带有些地方大脖子病的发病率很高，但是在哥伦比亚低地的发病率很低。他推测可能是当地居民使用的从废弃矿坑高碘水里提取的食盐给他们带来了额外的碘的补充。1917 年美国的病理学家大卫·马林（David Marine）及其团队在俄亥俄州系统开展学龄儿童补碘计划，通过 36 个月的实验，他们发现每人每年两次摄入两克碘化钠可以很好控制甲状腺增生。

　　随着医学和地方病研究的不断深入，地方性缺碘（水、土壤和食物）引起的大脖子病和呆小症通过碘盐的推广得以有效控制。但是缺碘在一些远离海洋的内陆地区仍有发生。

　　2002 年笔者（朱永官）刚从澳大利亚回国工作，当年 6 月份接待澳大利亚联邦科工组织的拉维·奈杜（Ravi Naidu）博士。笔者和拉维在澳大利亚工作期间在同一栋楼办公，也一直有计划回国后开展环境砷污染相关的合作关系。这次他们计划去新疆现场考察地下水砷污染。他们到达乌鲁木齐后得到新疆地方病防治研究所的王连方先生及其团队的帮助。王先生早年从北京医学院毕业到新疆支边，长期开展地方病研究，特别是地方性碘缺乏病和砷／氟中毒等，很有造诣。

　　如上述的讨论，土壤（环境）中碘的含量在沿海地区比较高，随着离海岸线距离的增加，土壤中碘的含量不断下降。新疆差不多是地球上离海最远的地区之一。在新疆期间，笔者一行考察了奎屯、阿克苏等地，目睹了当地一些老百姓患有大脖子病和呆小症的情况。究其原因，当地民众仍然喜好本地容易获得的土盐（未补碘）。看来在严重缺碘地区，往往也是比较偏远的地区，通过食物链补碘也许是一条有益的替代途径。食物链补碘也被称为

图 4.3　2002 年新疆考察发现的碘缺乏案例
　　　　（图片来源：陈正，朱永官）

生物强化，也就是通过植物吸收（土壤或叶面施肥）增加蔬菜和主食中碘（微量元素）的含量来改善人体微量元素营养。

　　美国杜克大学的儿科教授罗伯特·德隆（Robert Delong）带队和新疆地方病防治研究所的同事合作，于 1992 年在和田地区，通过向水稻灌溉渠滴加浓度为 5% 的碘化钾溶液，来实现食物链补碘的目的。他们的实验发现这个碘肥的使用可以有效提高土壤、水稻、动物（食稻草的牛）和人群碘的浓度。他们发现当地儿童尿碘的浓度从 18 毫克 / 升高至 49 微克 / 升。按照当时的市场价格，他们核算的施碘肥的成本为每人每年 5 美分，因此是十分经济有效的补碘措施。他们相关的成果分别于 1994 年和 1997 年发表在著名的《柳叶刀》杂志。

　　笔者在 2002 年从新疆考察回来之后也很快开展了土壤 - 植物系统中碘的行为和植物吸收积累机制的研究。当时碘的测定仍然比较困难，部分实验的样本中碘浓度是采用中子活化法来测定。采用这个方法得益于笔者在英国帝国理工学院攻读博士学位时接触到的多学科知识。读博士时笔者所在的机构是环境分析研究中心，一个基于学校的核反应堆转型过来的一个中心。笔者和当时环境分析中心的苏珊·佩里（Susan Perry）教授及其团队有较多的交流，她在中子活化分析领域颇有建树。中子活化分析的优点是无需对样品进行多少前处理，主要通过核反应堆的中子照射，使原本不具有放射性的元素转化成放射性元素，然后通过测定特定元素的放射性强度来反演该元素的化学浓度。笔者当时主要关注不同形态的碘（碘化钾／碘酸钾）在不同土壤中的有效性，以及不同蔬菜对碘的吸收情况。主要结论是根据土壤和作物的特点可以推荐最佳的碘肥用量和品种，这种方法对于通过施肥来增加像洋葱、菠菜和番茄等多用于生食的蔬菜的碘含量有一定作用，对改善偏远地区人群碘营养也有一定的价值。

笔者关于土壤-作物系统碘的研究也受到德隆教授的关注，他还在2004 年访问中国时专门到笔者办公室讨论研究进展。笔者在国际上发表的几篇论文也得到他的指导和支持。后来由于其他一些项目的牵制笔者也没有精力推进碘这一块工作，但是这个研究方向仍很有意义，特别是对远离海洋的偏远地区。可以发展一些基于海藻的新型肥料，来改善严重缺碘地区老百姓的健康问题。因为通过食物链补碘是十分普惠和经济高效的。

# 隐性饥饿

2009 年，中国宣布已解决中国人的温饱问题。这是一个伟大的成就，现在大部分青年人都没有经历过饥荒。但出生于 20 世纪五六十年代的人，对饥饿有深刻的印象。为了消除饥饿，全球通过农业绿色革命来增加产量，首先满足人类对热量的需求。但是，时至今日，饥饿仍然没有从这颗星球上消除。据联合国粮农组织的统计，截至 2020 年全球尚有 7.2 亿 -8.1 亿人口仍面临饥饿。

在我们尚未彻底解决传统的饥饿问题——吃不饱的同时，能够吃饱的人类也不能完全放心吃饭。粮食安全不仅仅是要让人能够吃饱，还需要能吃得健康。如果说我们能看见的食品短缺是直接的"显性饥饿"，那还存在一种普通人看不见的饥饿——"隐性饥饿"。

那么什么是隐性饥饿呢？隐性饥饿是指人体微量营养素的缺乏，主要是蛋白质、铁、锌、维生素等必需营养物摄入不足。"隐性"表示这种饥饿是看不见，感觉不到的。饱腹感来自食物中最重要的成分，淀粉等碳水化合物。但是，胃饱了，不代表其他器官就能获得充足的营养。绿色革命前，人类的食物匮乏但是多样，饥饿的人往往是缺少碳水，但吃饱了的人往往能从多样性的食物中获得足够的微量营养元素。因此，隐性饥饿也往往发生在已解决温饱的欠发达地区，人们过度依赖单一的主食，而无法获取全面的营养物质。

隐性饥饿的出现跟长期以来我们的育种以追求产量，而忽视食物中的营养元素有关。农业绿色革命自 20 世纪五六十年代开始，为人类社会提供了大量物美价廉的食物，但这些表面上看起来鲜美的食物，其内部的营养元素的含量却呈下降趋势。因此从健康角度看，尽管摄入了足量的食物，满足了口腹之欲，解决了卡路里摄入的问题，营养元素的摄入（微量元素，蛋白质和维生素等）却不足。

为了保障健康，人体至少需要 20 种矿质元素、13 种维生素、9 种氨基酸和 2 种脂肪酸。据估计，全球 40% 的人口缺铁、33% 的人口缺锌，这些隐性饥饿人群主要为发展中国家以禾谷类为主粮的人口。2021 年英国诺丁汉大学领衔的一项研究发现，在埃塞俄比亚和马拉维这两个非洲欠发达的国家，当地居民主粮中矿质元素缺乏的现象普遍存在。但是值得指出的是，当前由于集约农业的快速发展，包括高产品种的培育，高强度的化肥使用，再加上全球气候变化，隐性饥饿的问题不仅仅存在于贫困地区，而是具有广泛性的。因此，要想在全球范围内消除隐性饥饿以及由其引发的健康风险绝非易事。

绿色革命已经过去大概半个世纪，营养强化的育种正越来越受到重视。但更让人感到不安的是，全球气候变化，不仅会影响到作物产量，近年来的一些研究显示，全球变化会使得我们的主食，如大米和小麦等粮食越来越不那么"有营养"了。

美国哈佛大学迈尔斯（Samuel S. Myers）教授团队通过模拟未来高浓度二氧化碳生长环境的实验发现，水稻、小麦、豆类中铁、锌等微量元素会下降，小麦和水稻中蛋白质浓度也出现了下降。他们紧接着进行了估算，发现到 2050 年，二氧化碳升高可能导致额外的 1.22 亿人缺乏足够的蛋白质和 1.75 亿人缺乏锌、铁元素，也会使超过一半的育龄妇女和 5 岁以下儿童处在可能贫血的高风险下。中国科学院南京土壤研究所朱春梧研究员的团队针对水稻的研究也发现，高二氧化碳生长环境使得 18 个不同的水稻品种的蛋白质和锌、铁等营养物质发生下降。同时，该研究还首次表明水稻品种的 B 族维生素，如帮助身体分解食物的核黄素和对胎儿发育很重要的叶酸减少了高达 30%。研究最后估算，稻米的营养赤字，造成的健康风险将波及全球大约 6 亿相关贫困人群。

通过农业新品种来解决现有的问题已经不容易，更何况还要考虑未来的环境变化。因此解决隐性饥饿问题的出路还在于"土壤－作物系统"。万物土中生，我们要从土壤和作物"两端发力"才能有效解决人类微量元素营养缺乏的问题。一方面，我们需要提升土壤供应微量元素的能力，另一方面，也要培育能够有效吸收和积累微量元素的作物品种。早在 2001 年左右，国外某知名基金会就投入 3000 万美元用于研究如何通过土壤农业措施——即土壤和作物"两端发力"来提高主粮中微量元素的含量，也就是所谓的生物强化，以普惠式地改善人体健康。本书其他章节也专门探讨了如何通过"土壤－作物系统"来改善人体营养，保障人群健康。

# 第五章

—

## 不息的壤

# 东北黑土退化面面观

东北平原对我国的粮食安全起到了举足轻重的作用。据统计，该区粮食产量和调出量分别占全国总量的 1/4 和 1/3，是名副其实的"北大仓"！其中特别重要的一个原因是那里广泛分布着肥沃的黑土。然而，由于气候变化和一些不合理的耕作管理措施，黑土正面临着严重的退化危机。

2022 年夏季，为实地考察东北黑土的退化问题，笔者（杨顺华）团队横跨松嫩平原和三江平原，深入考察了东北黑土的退化情况。

图 5.1 松嫩平原齐齐哈尔市依安县附近的黑土
（图片来源：杨顺华）

## 1 · 黑土退化分几类

黑土起源于草原、湿草原和森林草原景观。如果这种景观不被破坏，放任土壤自然发育，那么黑土将会越来越厚，直至达到一种相对稳定状态。然而，土壤的厚度主要取决于形成速率与侵蚀速率。在人为耕作等生产活动不断加强的情况下，土壤的侵蚀速率必然大大加快。若不采取有效的管理措施延缓土壤侵蚀的速率，那么再肥厚的黑土也难逃退化的厄运。东北黑土退化的现象很多，从本次考察的发现来看，大致可以分为如下几类。

首先是风蚀。东北平原腹地一马平川，缺少山体阻隔，因而气流能够如履平地般长驱直入。防护林能够改变地表下垫面的结构，延缓气流的行进速度，有效降低大风对地表的风蚀强度。东北多大风天气，尤其是干旱少雨的冬春两季。尽管很多地方都设置了防护林，但依然难以抵挡猛烈的大风。在我们考察的这个季节，庄稼已经收获或者刚刚播种不久，大风起兮尘飞扬。这些被风刮走的可全都是最肥沃的表层土壤啊！

图 5.2　大风起兮尘飞扬，大量肥沃的表土因此飞逝
　　（图片来源：杨顺华）

水蚀在东北平原也非常普遍。笔者在齐齐哈尔市依安县考察时，就发现了很多这样的现象：原本与河道有一定距离的防护林，其根部已经在流水和重力的作用下，与河道"短兵相接"，大量的树木抵挡不住水侵蚀的威力，已经倒伏在地上"苟延残喘"。除此之外，地面上还发育了大量的地表裂缝，宽度堪比我们的脚背。若不采取有效措施，假以时日，这些侵蚀沟必将继续扩大，进一步蚕食防护林的"地盘"。

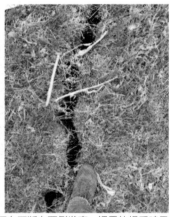

图 5.3 黑土水蚀现象：淤积的河道不仅带走了大量肥沃的土壤，还在不断向两侧发育，裸露的根系暗示着防护林的根基失稳、将要倒伏的命运。沟渠两侧已经发育了地表裂隙，预示着岸堤即将崩塌，河道将进一步拓宽
（图片来源：杨顺华）

东北的冻融侵蚀也不鲜见。东北的冬季漫长，气温低下，土壤在冬天冻结，春天融化，如此频繁交替，很容易发生冻融侵蚀，导致土壤原有的结构遭到破坏，严重时可能发生滑坡、崩塌等现象。

图 5.4 土体中的鳞片状结构，指示了该土壤存在冻融过程，土中的裂隙也
清晰可见
（图片来源：杨顺华）

图 5.5 上图，触目惊心的农药瓶子；下图，农民驾驶农用机械喷洒除
草剂
（图片来源：杨顺华）

相较于土壤风蚀、水蚀和冻融侵蚀，土壤污染具有更强的隐蔽性，同样值得我们警惕。这是因为，前三者都是土壤物质的流失或者结构的破坏，而土壤污染则是人为地往土壤中添加对人体有害的物质。这些物质能够随着食物链进入人体，若在人体中积累到一定程度，将产生难以想象的恶果。尽管目前黑土的土壤污染问题尚无更多的数据支持，但依然值得我们警惕，有必要做好前期预防的准备。

## 2·从一个断面来看黑土退化的危机

在考察的途中，一片由于人工挖掘而出露的黑土断面引起了笔者团队的注意。可以看出，在 60 厘米厚的黑土层下面，是厚厚的一层红色砂砾石层。如果黑土层消失殆尽，作物将无法生存，后果不堪设想。

就在团队讨论着这一层砂砾石层可能有多厚的时候，令人担心的事情

图 5.6　图中的黑土层不足 1 米。如果上面的黑土不断被侵蚀，下伏的红色砂砾层将出露地表，不再适宜耕种
（图片来源：杨顺华）

图 5.7　上面的黑土层仅有 60 厘米。下伏的红色砂砾层中充满了砾石，土粒极少，不足以支撑作物生长
（图片来源：杨顺华）

图 5.8　顺坡垄作乃是土壤保护之大忌，但这种现象并不鲜见。远方的坡上位置，下伏的红色砂砾石层已
经出露地表
（图片来源：侯红星）

图 5.9　在某些地方，表土已经被侵蚀殆尽，但人们依旧在种植作物，产量可想而知
（图片来源：侯红星）

还是发生了：只见这个断面附近的一片坡耕地上，坡上位置下伏的红色砂砾石层已经完全裸露。可即便如此，这片不该继续耕种的土地仍在播种，徒留屠弱的玉米苗在风中摇曳。

眼前的景象不禁让笔者团队联想到一组画面：在土壤被开垦的初期，土壤健康状况良好，不施肥也能取得很好的收成；随着耕种强度的加大，土壤结构遭到破坏，养分不断耗竭，必须依靠化肥的施用才能勉力维持一定的产量；直到有一天，地力完全耗竭，再多的肥料和播种也换不回一粒粮食的收获。真是"兴也土壤，衰也土壤"！

形成 1 厘米的土壤，需要成百上千年的时间。从荒无人烟的"北大荒"到米粮富足的"北大仓"，仅仅用了几百年，甚至更短的时间。在这样短暂的时间里，我们却几乎快要透支完这成千上万年积累下来的黑土。

正如《表土与人类文明》一书所述："文明人跨越过地球表面，在他们的足迹所过之处留下一片沙漠。"其实早在 2001 年，孙继敏和刘东生先生在

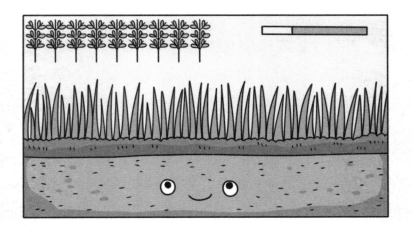

图 5.10　土壤肥力并非取之不尽、用之不竭

《中国东北黑土地的荒漠化危机》一文中，就已经警告道："倘若不及时采取措施的话，中国东北的黑土地地区将沦为第二个西北。"由此可见，黑土并非能一直这么肥沃，担忧黑土的未来并非杞人忧天。皮之不存，毛将焉附？如果土壤资源消耗殆尽，那么我们的人类文明也将难逃湮没的命运。

庆幸的是，黑土退化的危机已经被越来越多的人所重视。一场保护黑土的运动正在进行中。2021年，中国科学院"黑土粮仓"科技会战正式打响，势必对黑土保护产生积极影响。《中华人民共和国黑土地保护法》也于2022年8月1日正式施行，黑土保护上升为国家意识，开启有法可依的新征程。

古人曾经将我国土壤的分布格局朴素地分为黄土、红土、青土、白土、黑土。中华五色土，它们都自有其发生演化的规律，对人类社会发展尤其是粮食生产起着不可替代的重要作用。除黑土外，其他土壤同样需要我们的守护。2022年，为全面查明查清我国土壤类型及分布规律、土壤资源现状及变化趋势，第三次全国土壤普查正式启动。作为一场40年一遇的土壤"全面体检"，土壤普查必将查清包括黑土资源在内的全国土壤资源家底并对人类今后如何可持续地利用土壤产生深远影响。

土壤保护，一块都不能少！

# 黑色黄金——生物炭

碳是元素周期表里最神奇的元素。人类文明的发展史，也是人类对碳元素的利用史。古老的木炭和令人向往的钻石其成分都是碳元素，只是原子的空间排列发生了变化。当今材料世界中的宠儿——碳纳米管和石墨烯，其基本元素仍然是碳。如今人们在街头巷尾都在谈论的全球变暖也是和碳直接相关的。地质时期储存的化石燃料（生物质转变而来的有机碳）在现代工业文明发展过程中成为能源，释放大量的二氧化碳——地球上主要的温室气体，被认为是地球暖化的元凶。2022 年，中国发布的"碳达峰""碳中和"目标行动方案，更是显示需要了解碳和控制碳的迫切性。

在众多可以控制碳的技术中，生物炭是被寄予厚望的技术之一。把生物质材料转化成炭是一项古老的技术，大约 1300 年前的唐代大诗人白居易就写过著名的《卖炭翁》。卖炭翁在豺狼出没、荒无人烟的南山常年烧炭，生活困苦。白居易用"满面尘灰烟火色，两鬓苍苍十指黑"勾画出卖炭翁的形象，侧面写出劳动者的艰辛。不过，生物炭声名鹊起，却是不久前的时候，这与亚马孙流域的暗黑土密切相关。亚马孙流域靠近赤道，雨量充沛，不出意外的话，那边的土壤应该和我国南方的土壤差不多，富铁富铝，呈黄色或者红色。但是，暗黑土在亚马孙流域随处可以找到，是一类富含有机质的肥沃土壤。在亚马孙流域，当地的印第安人使用生物炭来肥沃土壤已经有 2500 年的历史。他们将植物残体和泥土等混合在一起闷烧，然后将得到的生物炭用来施肥。富含生物炭的土壤可以和我们东北的黑土媲美，而且以生物炭形式存在的碳元素可以在土壤里稳定很长时间，也就是说，大气中的"坏"碳通过光合作用固定在植物中，然后又通过闷烧，植物变成稳定的生物炭，从而达到了固碳和土壤改良的双赢结果。

图 5.11 生物炭施用田间实验
（图片来源：浙江科技大学 孟俊）

传统的炭，英文里是 charcoal；现在国内外十分热门的科研话题生物炭，英文里是 biochar。炭和生物炭的内涵应该是相同的，无论是炭还是生物炭，笼统地来讲都是炭材料。传统的炭主要是用于能源（燃烧），而目前大家热衷的生物炭主要用于土壤改良。生物炭和传统的炭的主要区别在于，生物炭对原料的要求不高。卖炭翁制作的生活用炭需要使用价值较高的原料，比如完整的木块。但只要是生物质，都可以用来制作生物炭，当然，不同原料制备的生物炭，在功效上会有不同，但基本上都可以用于改良土壤。

在国际学术文献中，"biochar"的出现是在 2000 年前后。"biochar"第一次出现是在 1998 年美国化学会的会议论文集，出版时间是 1998 年，是密苏里大学关于有害废弃物气化的研究工作。第二篇关于生物炭的论文是土耳其科学家利用油菜秸秆制备生物炭，于 2000 年发表在《能源与燃料》。到了 2020 年，一年全球就发表了 4299 篇有关生物炭的论文。

生物炭在如此短的时间获得这么多关注是有多方面原因的。

在远离亚马孙流域的东方，笔者（朱永官）的故乡——浙江桐乡的土壤中也可以找到我们先辈留下的生物炭。

图 5.12　施加了生物炭（黑色部分）的水稻土壤
　　　　　（图片来源：浙江科技大学 孟俊）

# 地球关键带

2021 年 5 月 15 日，在经历了 296 天的太空之旅后，中国人自己研制的"天问一号"火星探测器所携带的"祝融号"火星车及其着陆组合体，成功抵达中国人问天之路的关键一站——火星。"祝融号"的一个主要任务，就是回答"火星是否存在过生命或有支持生命存在的环境"这一科学问题。为此，它将利用其所携带的相关仪器对火星表面及浅表层环境开展探测。

与荒凉沉寂的火星表面不同，我们栖息的地球表面热闹非凡：这里溪水潺潺、草木枯荣、人头攒动。然而，人类世居于此，对于脚下这片生机勃勃的大地，我们却常常一叶障目，不见泰山。

我们生活的近地表圈层是五大圈层（大气圈、生物圈、土壤圈、水圈和岩石圈）交汇融通的区域：物质循环、能量流动、生物信息传递等过程在这里相互耦合嵌套。无论是长到以十万年、百万年甚至亿年为单位计算的地质运动，还是短到瞬息万变的化学反应，都曾改变或者正在改变这里的一切。正是有了这些似乎永不停歇的反应过程，沧海变成桑田、土壤孕育万物的故事才能一次次上演，人类绵延不息的生存繁衍才能成为可能。

近地表圈层是地球环境与人类社会相互作用最直接也最深刻的地球表层区域，既是人类生存和发展的立足之本，也是水、食物、能源等资源的供应之源，对于维持人类社会的可持续发展极其重要。为了深入理解这一复杂而又开放的系统，科学家提出了"地球关键带（Earth's Critical Zone）"的概念。那么，到底什么是地球关键带？为什么要研究地球关键带？地球关键带科学研究已经取得了哪些进展？未来还有哪些问题值得研究？

## 1·地球关键带：定义与功能

　　地球关键带是指从地下水底部或者土壤—岩石交界面一直向上延伸至植被冠层顶部的连续体域，包括岩石圈、水圈、土壤圈、生物圈和大气圈等五大圈层交汇的异质性区域。在水平方向上，可以被森林、农地、荒漠、河流、湖泊、海岸带与浅海环境所覆盖，由于地域分异规律的存在，它的组成表现出很强的地表差异性。例如我国南方岩溶关键带多峰丛洼地和峰林平原，土层十分浅薄；南方红壤关键带丘陵起伏，土壤充分发育且多呈酸性；黄土高原关键带千沟万壑、黄土的厚度可达数百米。然而，无论是哪一种地球关键带，土壤始终是连接其他要素的核心单元；物质在水的驱动下参与生物地球化学循环，进而行使生态功能、提供生态系统服务。

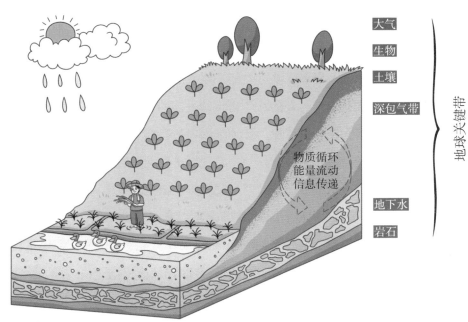

图 5.13　坡面地球关键带结构示意图：地表圈层的交汇区域构成了地球关键带，水驱
　　　　动物质在其中进行循环和流动
　　　　（图片来源：杨顺华）

从功能上来讲，因为这些区域对于维持地球陆地生态系统的运转和人类生存发展至关重要，所以被称作地球关键带。具体而言，地球关键带的功能可以分为供给、支持、调节和文化服务等四个方面。供给服务是指受益者从地球关键带系统中获取有益的产品，例如淡水、食物、纤维和燃料；支持服务是其他服务发挥作用的必要前提，包括植物的生长、土壤的形成与演化、元素的生物地球化学循环等过程；调节服务是指对从地球关键带系统中获取的各种产品的调控，比如地球关键带对淡水数量和质量、大气组成和气候变化的调控与响应；文化服务则是指人类从地球关键带系统中获取的感官体验，例如休闲娱乐、文化教育、旅游打卡等。试想，如果没有地球关键带的存在，地球将与荒凉的地外星体无异，该是多么的了无生趣！

## 2 · 地球关键带科学：地球表层系统科学研究的新契机

地球表层系统中的水、土壤、大气、生物、岩石等在地球内外部能量驱动下的相互作用和演变不但是维系自然资源供给的基础，也发挥着不可替代的生态功能。然而，随着人类社会的不断发展，资源耗竭、环境恶化和生态系统退化等问题日益成为制约社会可持续发展的关键瓶颈。例如，东北地区的黑土是我国最为肥沃的土壤，该地区的耕地有着"北大仓"的美誉，对于维系我国粮食安全具有重要的作用，但是由于长期不合理的利用，导致土壤不断退化，黑土"变瘦""变薄""变硬"等现象尤为突出，严重威胁当地甚至全国的农业可持续发展。又如我国南方广袤的红壤地区，占国土面积的23%，水热资源丰富，供养着我国40%的人口，但是由于管理利用不善，导致水土等自然资源退化和配置不协调等问题凸显。而对于西北干旱地区来说，水资源的短缺与时空分布不均限制经济社会发展则是更需要化解的突出矛盾。

理解地球表层系统中各个要素的现状、演变过程和相互作用是实现地球关键带过程调控和资源可持续利用的必要前提。传统针对地表系统的研究，有专门研究各个单一要素的学科，例如水文学、土壤学、大气科学、生命科学、岩石矿物学等。这些学科各自相对独立研究地表各要素，为充分理解它们的性质、现状和功能等奠定了扎实的基础。然而，这种以要素为核心的研究范式在一定程度上限制了对于整个系统的组成与功能以及各个要素之间相互作用的全面理解。2001年，美国国家研究理事会在《地球科学基础研究机遇》一书中正式提出了"地球关键带"的理念与方法论，为研究上述问题开辟了新的道路，也为地球表层系统科学研究提供了一个可以操作的实体框架，前述地球科学各分支学科之间从此多了一座便于沟通的桥梁，因此极大地促进了地表圈层多学科综合研究。地球关键带科学被认为是21世纪地球科学研究的重点领域，也是新时期我国环境地球学科的优先发展领域。2020年，美国国家科学院、工程院和医学院发布题为《时域地球：美国国家科学基金会地球科学十年愿景》的报告，建议继续将"地球关键带如何影响气候"这一问题作为优先资助方向之一。

将地球关键带作为一个整体来系统研究能够突破传统研究的局限。以土壤氮素的生物地球化学循环为例，长期以来，土壤学家和农学家往往仅关注氮素在作物根区（地下0~1米）的循环过程，对于根区以下范围的研究甚少。地质水文学家的目光则主要聚焦在地下水方面。因此，处于根区和地下水之间的深厚包气带成了一个名副其实的"都不管"地带。然而，长期过量施肥和不合理的管理措施导致不少区域的土壤存在氮素盈余的问题。在进行氮素收支平衡研究时，由于对盈余氮素的去向和归宿认识不足，将其称为"遗漏的"氮素。实际上，这些氮素并没有真正消失，在淋溶作用下，大部分的盈余氮素随水流出土壤根区，积累在包气带深部，甚至有可能进入地下水，威胁人类的饮用水安全。因此，为了全面理解氮素的循环过程，需要从地球表层全要素的角度对其加以研究，这样才有可能更加全面地理解氮素在整个地球关键带范围内的生物地球化学循环过程。

## 3·地球关键带科学：科学问题与研究平台

地球关键带科学是多学科研究的系统集成，能够解决单一学科所不能解决的科学问题。地球关键带研究的总体目标是观测表层系统中耦合的各种生物地球化学过程，试图理解这个生命支持系统的形成与演化、对气候变化和人类干扰的响应，并最终预测其未来变化。英国雷丁大学斯蒂文·班沃特（Steven Banwart）教授总结了地球关键带科学研究的六大问题，将其分为短期和长期两个方面：

短期科学问题：(1) 什么控制了地球关键带的抗性、响应和恢复力及其耦合功能（包括地球物理、地球化学和生态功能），以及应对气候变化和人类干扰的能力？如何通过观测来量化上述过程与功能，并用数学模型预测这些过程的相互作用和未来变化？（2）如何集成传感器技术、电子网络化信息基础设施和模型等来模拟和预测陆地生态系统的基本变量？（3）如何集成自然科学、社会科学、工程学和应用技术等方面的理论、数据和数学模型，以模拟、评估和管理对人类社会有益的地球关键带产品和服务？

长期科学问题：(1) 地质演化和古生物如何构建并维持地球关键带中生态系统的功能和可持续性发展的基础？（2）分子尺度的地球关键带过程是如何主宰地球关键带在垂直空间上各个要素（包括地上植物、土壤、含水层和风化层）间的物质循环和能量传递的？又是如何影响流域和含水层演化的？（3）如何集成从分子到全球尺度的理论和数据，来理解地表的演化过程并预测未来变化以及其行星效应？

地球关键带观测站是开展地球关键带科学研究的重要平台，通常以流域为基本研究单元。通过在流域尺度建立野外实验室，监测流域中的水文、气象、植被、岩石风化物和土壤等要素来获取观测资料，可以研究表层地球系统中相互耦合的各种生物地球化学过程，并最终模拟和预测其未来动态。近年来，国际上地球关键带观测站的建设与研究取得了长足的进步。自第一

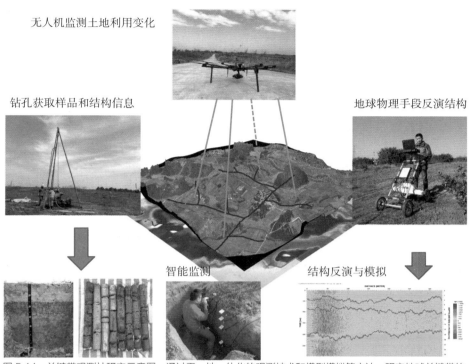

无人机监测土地利用变化

钻孔获取样品和结构信息

地球物理手段反演结构

智能监测

结构反演与模拟

图 5.14　关键带观测站研究示意图：通过天—地一体化的观测技术和模型模拟等方法，研究地球关键带的结构、物质循环和生态环境功能
（图片来源：杨顺华）

个真正意义上的地球关键带观测站于 2007 年在美国正式建立以来，德国、法国、澳大利亚等国纷纷开始建立自己的地球关键带观测站（网络），总体数量预计达 65 个以上。

2014 年，在国家自然科学基金委员会与英国自然环境研究理事会重大国际合作研究计划项目"地球关键带中水和土壤的生态服务功能维持机理研究"的资助下，中国以国家生态系统研究网络为基础，正式设立了五个地球关键带观测站，涉及黄土高原、西南喀斯特地区、宁波城郊区和南方红壤区等四种不同环境。近年来，位于一些其他区域的地球关键带观测站也逐渐建立起来，如青海湖、江汉平原、黑土区、环渤海滨海、华北平原、燕山山地等。未来还需要继续在荒漠-绿洲区、温带草原、热带岛屿和青藏高原等典型地区建立地球关键带观测站，形成更加完整的、具有中国特色的地球关键带观测网络，为进一步研究地球关键带科学问题和培养相关人才提供重要平台。

## 4·地球关键带科学：研究进展与展望

当前，随着气候变化和人类活动对自然生态系统影响的加强，地球关键带的自然演化过程受到进一步干预，产生了一系列的生态环境问题。为了应对这些挑战，地球科学家们对地球关键带的研究也在进一步加强。

地球关键带科学一般遵循"结构—过程—功能—服务"的研究范式，因此当前的研究主要围绕上述四个方面展开。在结构方面，主要开展地球关键带的结构变异和多学科表征方法的研究。例如，笔者（杨顺华）所在团队通过结合经典剖面调查、动力钻井、探地雷达等地球物理观测技术，揭示了典型红壤关键带的地下结构由均质红土层、网纹红土层和半风化砂岩层组成。结构是认识地球关键带的基础，能够深刻影响物质的运移过程，但由于地表环境的复杂性，不同地方的地球关键带结构存在很大的差别，这对地球关键带分类研究也带来了巨大挑战。因此，如何结合传统的钻井调查和新兴的探测技术更加精细和准确地表征地球关键带结构是目前地球关键带研究的热点领域之一。在过程方面，重点关注地球关键带的形成与演化及其对气候变化和人类活动的响应与反馈、重要物质（如碳、氮、磷、硫）在地球关键带中的生物地球化学循环过程等。这方面的研究主要通过对溶质、水、气体、土壤和沉积物等地球关键带物质进行监测和模拟。在理解了地球关键带结构和物质循环过程的基础上，通过开发新的预测模型来表征地球关键带结构并预测地球关键带过程的未来变化，可以为评估地球关键带的功能服务。在功能方面，主要关注地球关键带功能提升与权衡。例如，在"碳达峰"和"碳中和"的背景下，如何评估地球关键带固定大气二氧化碳的潜力并对其加以调控值得进一步研究。最后，地球关键带服务为测度地球关键带过程提供的产品和惠益提供了一套测度指标，正在发展成为评价地球关键带过程的环境评价标准。虽然地球关键带研究多以流域为基本单元，但在水平维度上并没有给出明确的边界。为了解决这一问题，张甘霖等人综合考虑气候、成土母质、土壤类型、地下水深度、地貌类型与土地利用等要素，构建了地球关键带的三级分类方案，将中国划分为 44 个一级单元、100 个二级单元和 1448 个三级单元。这一方案的提出，为未来地球关键带研究由小流域或者站点研究向更大尺度拓展奠定了基础。

我国人口众多，自然资源禀赋有限且区域分布极不均衡，如何实现自然资源的协调配置和可持续利用是亟待解决的关键问题。地球关键带科学为解决这一问题开辟了新的道路，但是不同类型地球关键带的形成、演化、结构、耦合过程与功能等方面的研究，特别是在人类活动和气候变化影响下的变化特征，仍需要进一步探索。随着科技的进步，人类在不远的将来登陆火星似乎已经不再是一个难以企及的梦想。类似地，为了支持人类在火星等地外星球表面的生存和发展，"行星关键带"的形成与演化可能也会成为重要的研究方向。

# 查清五色国土，守护大国粮仓

　　"大国点名，没你不行！"2020年，一句朗朗上口的口号，生动形象地将人口普查与你我的关系展现得淋漓尽致，也将人口普查的重要性带进了千家万户的心中。不过，很多人可能还不了解的是，一场重要性堪比人口普查的土壤普查正在我们的五色国土上紧张有序地进行着！

　　土壤普查是对土壤形成条件、土壤类型、土壤质量、土壤利用及其潜力的调查，包括立地条件调查、土壤性状调查和土壤利用方式、强度、产能调查。普查结果可为土壤的科学分类、规划利用、改良培肥、保护管理等提供科学支撑，也可为经济社会生态建设重大政策的制定提供决策依据。

图 5.15　第三次全国土壤普查标识

　　　　　　　　　　　　　　　　　　　　　　　第五章——不息的壤

1958—1960 年，我国开展了第一次全国土壤普查。这次普查以耕地土壤为对象，查清了耕地土壤的基本情况，总结了农民群众鉴别、利用和改良土壤的经验，完成了"四图一志"（土壤图、土地利用现状图、土壤改良分区图、土壤养分图）和（《土壤志》）的编纂。对耕种土壤分类给予的特殊关注，为以后耕种土壤研究和我国人为土的建立打下了基础。不过，第一次土壤普查局限性也较多，比如调查对象局限于耕地土壤，现在留存和可供查询使用的资料也不多。

1979—1994 年，我国开展了第二次全国土壤普查。这次普查以县为单位，对我国全境的陆地开展了土壤普查与制图、土地利用调查和土壤养分调查。最终，绘制了不同比例尺的土壤图，编绘相应的土壤类型图、土壤资源利用图、土壤养分图、土壤改良分区图，完成了《中国土壤》及各省、区、县的土壤志等专著，如《中国土种志》六卷和各省区《土种志》以及中国《土壤普查数据》等，为农业生产积累了大量的第一手土壤资料。这些成果至今仍然是最全面、最详细的全国土壤普查资料，在农业、国土和环保等领域得到了广泛应用。不过，这次普查依然具有一定的历史局限性。比如，当时的采样点位缺乏精准定位，只描述了调查时的地址，后续若想回到原点位监测，已经几乎不可能。另外，土壤分类的指标及分类系统在全国范围内并不完全统一，出现了很多"同名异土""同土异名"的现象。

2016 年夏，笔者（杨顺华）自江城放舟东去，山一程、水一程，来到古都南京，来到中国科学院南京土壤研究所继续求学。就在笔者初次踏入土壤所大门，看到它就是这样一个小小庭院时，不免有些失落与疑惑——这真是中国土壤学研究殿堂吗？

"所谓大学者，非谓有大楼之谓也，有大师之谓也"。事实证明，笔者的一切担心都是多余的。翻开土壤所的历史档案，发现这里有着层出不穷的土壤学大师：马溶之、熊毅、李庆逵、宋达泉、席承藩、朱显谟、于天仁……他们或工于土壤调查与分类，为查清我国土壤资源的家底和绘制一张

图 5.16　中国科学院南京土壤研究所东附楼
　　　　（图片来源：杨顺华）

中国土壤图燃尽青春；或长于土壤地力提升，将一片片贫瘠的耕地改造成丰收的沃土，丰盈大国粮仓；又或致力于土壤环境安全，为消除环境污染，守护土壤健康贡献力量。

　　1979 年，中国科学院南京土壤研究所参与了第二次全国土壤普查，这场声势浩大的普查耗时十余年！十余年，多少青丝熬成华发？多少学术芳华燃尽？

　　土壤普查是一项十分艰苦的工作，跋山涉水是家常便饭，挖坑取土是常规操作，鉴土绘图是主要内容，改土增粮是最终目的。但若问他们苦不苦、累不累？只见他们把自豪写在脸上。确实，当一个人的毕生所学能够为国所用时，何来苦累之说呢？

图 5.17　马溶之在进行土壤调查
（图片来源：中国科学院南京土壤研究所）

图 5.18　马溶之、席承藩先后指导第一次和第二次全国土壤普查
（图片来源：中国科学院南京土壤研究所）

**鲜活**
的
**土壤**
Living Soil

图 5.19　土壤调查人员在对剖面进行拍照
（图片来源：付海）

图 5.20　在青藏高原上跋山涉水的土壤调查人员
（图片来源：杨顺华）

40 多年来，我国的社会经济经历了飞速发展，但国际形势依然云谲波诡，吃饭问题依旧是天大之事。粮食安全始终是我们从容应对外部环境变化的定海神针。

习近平总书记多次强调要保护好耕地，把中国人的饭碗牢牢端在自己手上。可是，"万物土中生"，经过这么多年的高强度利用，我们脚下的土壤早已疲惫不堪，连续 43 年未曾"体检"的她能否继续滋养好中国，延续千年的农耕传奇？

2022 年，第三次全国土壤普查正式启动。这是一场事关国情国力的大调查，也是土壤学服务国家需求的重大机遇。笔者从来没有想过，自己能有幸成为其中一员。初承任务之时，担心自己做不好普查工作。但是，一想到神采飞扬的土壤学老师，想到那群视土壤普查为终生使命的老一辈土壤学家，笔者的心就变得无比坚定——要做和他们一样的人！

图 5.21　江苏省召开第三次土壤普查工作座谈推进会
　　　　（图片来源：杨顺华）

图 5.22　第三次全国土壤普查剖面土壤调查技术培训班在南京举办
　　　　（图片来源：鞠兵）

　　　　　　　　　　　　　　　　　　　　　　　　第五章——不息的壤

图5.23 华东区剖面土壤调查与采样技术培训班在南京举办
（图片来源：钱睿）

　　心中有信仰，脚下有力量。他们身上闪耀的普查精神，不就是对心系
"国家事"、肩扛"国家责"的最好诠释吗？土壤普查是时代赋予我们年轻一
代的重要使命，一起上吧！

# 未来人工土壤

如果宇宙中只有人类是唯一的智能生物，那么地球上被人类忽视的花鸟虫鱼就是人类在宇宙中唯一的陪伴。而这些生物死后，都是尘归尘土归土。土壤不仅能藏污纳垢，也是化腐朽为资源之所在。让万物和谐共处，其关键就在土壤。

虽然土壤随处可见，经过地球亿万年的积累，看似无穷无尽，但土壤学家却在不停地告诉大家，土壤正在离我们而去。有的是一下子消失的，它们随着降水变成浊水，随着大风变成扬尘。有的是慢慢消失的，最先消失的是有机质，然后是小颗粒黏土，再是铁等矿物，最后留下沙子。

我们其实早就意识到这个问题，并且着手行动。黑土保护、荒漠化治理、植树造林、退耕还林、表土资源保护，这些百年大计本质上都是对土壤的保护。这些政策的建立和执行，老一辈土壤科学家功不可没。对于新一代土壤科学家来说，还有一个更有意思，或许更重要的问题：土壤可以节流，那也能开源吗？千百年才能形成1厘米厚的土壤，可以加速形成吗？可以人工合成吗？可以像生产水泥一样，源源不断地生产水土吗？

生产土壤的技术并不复杂。土壤的成分无非是矿物和有机质。简单的堆肥就是人工制作土壤有机质的过程。科学家也在考虑更有效率更加经济的人工土壤制作方法。比如可以用厨余垃圾等有机废弃物和石头玻璃等无机物构建人工技术土壤。这种人工材料含量超过20%的土壤被定义成技术新成土。和自然形成的土壤相比，它可以通过调整配方以适应不同的要求，在城市绿地等环境有广泛的应用。

人工土壤还有一个美好的用处，或许可以助力未来的航天旅行，打造真实版的"流浪地球"，或者说空间站里的自然系统。如果有一天，我们能够自由地翱翔宇宙，从一颗行星旅行到另一颗行星，从一个星系跳跃到另一个星系，那么，我们肯定更希望陪伴我们旅行的是鸟语花香的自然系统，而这就需要土壤。土壤中有益虫，也有害虫，包括致病菌。大部分的时候，土壤中致病菌并不会导致疾病。然而，在空间站中，出现任何致病菌都会是灾难性的事故。所以，在空间站中做的实验，都是严格灭菌之后的培养体系。未来是否可以在空间站中引入土壤，可能要取决于我们能否理清土壤中的各个组成，从而制造出"完美无害"的人工土壤。

批量制作土壤，在地球上最大的用处那就是固碳。虽然现在二氧化碳给地球带来不少负面影响，但套用一句名言：世界上没有垃圾，只有放错位置的资源。而碳储存最好的地方，莫过于土壤。有人提议碳固定在植物，然而植物终有腐朽的时候；有人提议固定在深海深地，然而需要不菲的投入。只有固定在土壤中的碳，有众多的好处：可以储存养分，可以截留水分，可以给根系生长的空间。有机质足够多的土壤，就是肥沃的土壤。

土壤都是来自岩石母质，而这些岩石的碳含量普遍要低于土壤，随着土壤的风化，越来越多的碳就被固定在土壤中了。据南京大学的学者估计，在不考虑研磨和运输所产生的二氧化碳以及其他减排方法的情况下，只需要约 1% 的峨眉山大火成岩省的玄武岩即可实现"碳中和"。这听起来是不是一个美好的未来？

然而，土壤为什么能固定碳，土壤固定碳是否有极限？这仍是土壤科学家非常感兴趣但是依然困惑的问题。目前有多个理论，比如化学结构说、矿物保护说、空间保护说，但并没有最终的定论。土壤科学的进一步突破，或许将为我们找到一条双赢的碳中和路线。那时，越来越多的碳被储存在土壤中，土壤变得越来越肥沃，空气和水变得越来越干净，不知不觉中自然系统形成了闭环。

土壤并不是我们常见的灰不溜秋、死气沉沉的样子，它是新鲜的、活泼的、喧嚣的、生机勃勃的。唐代女诗人李冶有诗《八至》说道："至近至远东西，至深至浅清溪。"如果当时的诗人懂得土壤科学，或许会说："至贵至贱表土，至简至繁细壤。"

# 参考文献

[1]    陈能场，何小霞．土壤生物多样性：地球演化的引擎 [J]. 知识就是力量，
       2022(5):28–29.

[2]    Brady N C，Weil R R .The Nature and Properties of Soils[M].Macmillan
       Company, 1960.

[3]    朱永官，李刚，张甘霖，等．土壤安全：从地球关键带到生态系统服务 [J].
       地理学报，2015, 70(12): 1859–1869.

[4]    朱永官，李刚，张甘霖，等．土壤安全：从地球关键带到生态系统服务
       [J]. 地理学报，2015, 70(12).

[5]    杨顺华．揭开中华五色土的奥秘 [N]. 北京日报，2020–10–21(13).

[6]    张凤荣．土壤地理学 [M]. 北京：中国农业出版社，2002.

[7]    张甘霖，王秋兵，张凤荣，等．中国土壤系统分类土族和土系划分标准
       [J]. 土壤学报，2013, 50(4):9.

[8]    龚子同，张之一，张甘霖．草原土壤：分布，分类与演化 [J]. 土壤，
       2009(4):7.

[9]    BANWART S, CHOROVER J, SPARK D. Sustaining Earth's Critical Zone.
       Report of the International Critical Zone Observatory Workshop [R]. U.
       Delaware, USA, 2011.

[10]   GIARDINO J R, HOUSER C. Principles and dynamics of the critical zone
       [M]. Amsterdam: Elsevier, 2015.

[11]   Board on Earth Sciences and Resources. Basic research opportunities in
       earth science [M]. Washington, DC: National Academy Press, 2001.

[12]   Richardson M，Kumar P．Critical zone services as environmental
       assessment criteria in intensively managed landscapes [J]. Earth's

Future, 2017, 5(6): 617–632.

[13] Li L , Maher K , Navarre–Sitchler A ,et al.Expanding the role of reactive transport models in critical zone processes[J].Earth–Science Reviews, 2016,165.

[14] Huayong,Song,Xiaodong,et al.Accumulation of nitrate and dissolved organic nitrogen at depth in a red soil Critical Zone[J].Geoderma: An International Journal of Soil Science, 2020:1175–1185.

[15] Shunhua Yang, Wu H , Dong Y ,et al.Deep Nitrate Accumulation in a Highly Weathered Subtropical Critical Zone Depends on the Regolith Structure and Planting Year[J].Environmental Science & Technology, 2020, 54(21).

[16] 张甘霖, 朱永官, 邵明安. 地球关键带过程与水土资源可持续利用的机理 [J]. 中国科学: 地球科学, 2019, 49(12):3.

[17] 张甘霖, 宋效东, 吴克宁. 地球关键带分类方法与中国案例研究 [J]. 中国科学: 地球科学, 2021, 51(10):12.

[18] Scholes,Mary,C,et al.Dust Unto Dust.[J].Science, 2013.

[19] Trumbore S E , Vogel J S , Southon J R .AMS 14C Measurements of Fractionated Soil Organic Matter: An Approach to Deciphering the Soil Carbon Cycle[J].Radiocarbon, 1989, 31(3):644–654.

[20] Trumbore S E .Comparison of carbon dynamics in tropical and temperate soils using radiocarbon measurements[J].Global Biogeochemical Cycles, 1993, 7(2):275–290.

[21] Trumbore S E , Zheng S .Comparison of fractionation methods for soil organic matter (super 14) C analysis.[J].Radiocarbon, 1996, 38(02):219–229.

[22] Bertin C , Weston L A , Huang T ,et al.Grass roots chemistry: meta–

tyrosine, an herbicidal nonprotein amino acid.[J].Proceedings of the National Academy of Sciences of the United States of America, 2007, 104(43):16964–16969.

[23] Bais,HP.Allelopathy and exotic plant invasion: From molecules and genes to species interactions (September, pg 1377, 2003)[J].SCIENCE, 2010.

[24] Harsh,Pal,Bais,et al.How plants communicate using the underground information superhighway[J].Trends in Plant Science, 2004,9(1): 26–32.

[25] Xiao T , Guha J , Boyle D ,et al.Environmental concerns related to high thallium levels in soils and thallium uptake by plants in southwest Guizhou, China[J].Science of the Total Environment, 2004, 318(1):223–244.

[26] Xiao T , Guha J , Liu C Q ,et al.Potential health risk in areas of high natural concentrations of thallium and importance of urine screening[J]. Applied Geochemistry, 2007, 22(5):919–929.

[27] Chuling Wang, Yongheng Chen, Juan Liu, et al. Health risks of thallium in contaminated arable soils and food crops irrigated with wastewater from a sulfuric acid plant in western Guangdong province, China[J]. Ecotoxicology and Environmental Safety,2013,90(Apr.1):76–81.

[28] Lis J , Pasieczna A , Karbowska B ,et al.Thallium in soils and stream sediments of a Zn–Pb mining and smelting area.[J].Environmental Science & Technology, 2003, 37(20):4569–4572.

[29] 陈永亨, 张平, 吴颖娟, 等 . 广东北江铊污染的产生原因与污染控制对策 [J]. 广州大学学报 ( 自然科学版 ),2013,12(04):26–31.

[30] A A T , A P M , B H G ,et al.Thallium in French agrosystems—II. Concentration of thallium in field–grown rape and some other plant

species[J].Environmental Pollution, 1997, 97( 1 – 2):161–168.

[31] Xiao T , Guha J , Liu C Q ,et al.Potential health risk in areas of high natural concentrations of thallium and importance of urine screening[J]. Applied Geochemistry, 2007, 22(5):919–929.

[32] Juan Liu, Jin Wang, Daniel C W Tsang, Tangfu Xiao, Yongheng Chen, Liping Hou. 2018. Emerging Thallium Pollution in China and Source Tracing.Environ Sci Technol. 52(21):11977–11979.

[33] Nengchang C , Xiaoxia Z , Yuji Z .Heavy Metal Concentrations in Rice from Guangzhou and Associated Health Risks[J].Resources And Ecology, 2018.

[34] Inaba T , Kobayashi E , Suwazono Y ,et al.Estimation of cumulative cadmium intake causing Itai–itai disease.[J].Toxicology Letters, 2005, 159(2):192–201.

[35] Shindoh K , Yasui A .Changes in Cadmium Concentration in Rice during Cooking[J].Food Science & Technology Research, 2003, 9(2):193–196.

[36] 蒋彬，张慧萍.水稻精米中铅镉砷含量基因型差异的研究 [J]. 云南师范大学学报：自然科学版 , 2002, 22(3):4.

[37] 刘宝元，张甘霖，谢云，沈波，顾治家，丁迎盈.东北黑土区和东北典型黑土区的范围与划界 . 科学通报 , 2021, 66(01): 96–106.

[38] 孙继敏 , 刘东生 . 中国东北黑土地的荒漠化危机 [J]. 第四纪研究 ,2001,(01):72–78.

[39] 张甘霖，翟瑞常，辛刚，等 . 中国土系志 · 黑龙江卷 [M]. 北京 : 科学出版社 , 2020.

[40] 刘宝元，张甘霖，谢云，等 . 东北黑土区和东北典型黑土区的范围与划界 [J]. 科学通报 , 2021.